中华好家风故事

"家风"又称门风气，是一个家族相沿成习的精神风气、生活作风，也是一个家族的言行准则、处世原则

周达章　钱文君　主编

宁波出版社

本书编委会

主　编：周达章　钱文君

编　委：周达章　钱文君　白　露　费　明
　　　　俞鸣敏　董　卿　戎燕波　王文伟

前言

树良好家风 传中华美德

古往今来,每个人的成长都离不开家庭教育。在中国历史上,有些家族长盛不衰、人丁兴旺、人才辈出,有的则上演了家道中落的悲剧,这些都跟家风不无关系。家风的建设对于一个人的成长、一个家族的繁衍,乃至一个民族的未来都发挥着重要作用。

"国有国法,家有家规,不以规矩,不成方圆。"可见,家风之于一个家族的重要作用。家风是一个家族的精神风气,也是一个家族的处世原则。从世族大家流传下来的家训、家谱,到普通家庭的家规、家教,虽然形式不同,但传递的都是一个家庭或家族的道德准则和价值取向。

时至今日,那些仍然闪耀着光辉的家风、家训、家规,能为现今的家庭教育,以及青少年一代的健康成长带来什么?而这些优秀的传统家风家训家规所蕴含的内容又是什么?

一、什么是家风、什么是家训、什么是家规

1. 什么是家风

简单地说,家风是一个家庭的风气,或者是一种家庭氛围,包括为人处事的态度和行为准则。家风是在家庭成员的态度、行为和家庭氛围中形成的，存在于人们处理日常生活各种关系的态度和行为之中。打个比方，家风好比物理学中所说的磁场，影响着人们的言行，促使人们自觉服从和遵守。

一个人价值观的形成是以家风为起点的，家风是一个人乃至一家人成长的"地基"。对一个家庭以及家庭的每个成员来说，家风在人们的成长过程中起着关键的作用，是人们一生的财富。从《颜氏家训》《朱子家训》到《曾国藩家书》《钱氏教训》，这些优良家风的教诲，成就的是我们所熟知的"大家"和精英。

曾国藩家风的核心是"勤"与"俭"。他留下来的十六字箴言"家俭则兴，人勤则健；能勤能俭，永不贫贱"，成为曾氏家族世代相传的家风文化。《颜氏家训》包括修身、治家、处世、为学等方面，反映了颜氏育人和治家的智慧。钱氏家族的家训同样让钱氏家族流传着"一门众多院士"的佳话。由此可见，家风文化所产生的巨大影响和育人作用源远流长。

纵观历史，尽管家风是在一个共性的家风文化下形成的，但每个家族都会有各自鲜明的家风特征。"家"是缩小的"国"，"国"即放大的"家"，家风家教在岁月的积淀中成了中华优秀传统文化一个十分重要的部分。著名作家马伯庸曾写过一段这样的话：

一个家族的传承，就像是一件上好的古董。它历经许多人的呵护与打磨，在漫长时光中悄无声息地积淀，慢慢地，这传承也如同古玩一样，会裹着一层幽邃圆熟的包浆，沉静温润，散发着古老的气息。古董有形，传承无质，它看不见、摸不到，却渗透到家族每一个后代的骨血中，成为家族成员之间的精神纽带，甚至成为他们的性格乃至命运的一部分。

2. 什么是家训、家规

家训,又称祖训、庭训、垂训、世训、族训、家诫等,有时还包括遗训。家训作为中国传统文化的重要组成部分,尽管形式众多,但都是家族长辈教育子孙后代立身处世、持家治业的训导,也是家族先人治家教子经验的体会和总结。家训之所以为"训",是因为家训侧重于训导、劝诫、教育。中国历史上至今仍流传着许多古今名人的家训,如三国诸葛亮的《诫子书》、西晋杜预的《家诫》、南北朝颜之推的《颜氏家训》。《颜氏家训》为首部家训专著,并得到广泛的流传,对后世产生了深远的影响。宋人陈振孙评论《颜氏家训》:"古今家训,以此为祖。"清人王钺也极力推崇此书:"篇篇药石,言言龟鉴,凡为人子弟者,可家置一册,奉为明训,不独颜氏。"不少家族在修家谱时,必立家训,"述立身治家之法,辨正时俗之谬",视家训为家庭、家族教育子孙的准则。

家规,又称族规、家法,还可引申为乡规、民约。家规一般是指一个家庭用以规范后代子孙言行的准则,对家庭管理起到规范、稳定和发展的作用。所谓"国有国法,家有家规,不以规矩,不成方圆",说的是家规之于家庭就像国家法律之于国家那么重要,一个家庭如果要兴旺发达,做人做事就要懂得讲规矩。但从本质上讲,家规与家训没有实质性的区别,有时两者相互统一。

家规大多不是长篇宏论,而是简单又直白的一句话。如宋时周敦颐家族的家规"要留清白于人间",曾国藩家族的家规更是简洁明了——"不能睡懒觉"。有关"不能睡懒觉"这条家规流传着这样一则故事。据说曾国藩的爷爷年轻时不求上进,早上总是睡到很晚才起床,有时甚至到了吃午饭的时间还没起床,每天也不下地干活,喜欢骑着马去找一些富家子弟玩。有一天,村里的人见了他,便指着他鼻子说,你这样下去是要覆家(败家)的。这一句话点醒了曾国藩的爷爷。他马上把马卖了,徒步走回了家。从第二天开始,早上不再睡懒觉,起早下地去干活,还叫家人牢记"早、扫、考、

宝、书、蔬、鱼、猪"八个字。曾国藩后来总结道，爷爷人生的转变是从不睡懒觉开始的。

再如钱氏家族，历经一千三百多年的钱氏家族是一个人才辈出的望族。当人们惊异于钱氏家族如此枝繁叶茂、硕果累累时，我们可从传承至今的钱氏家训中得到启示："利在一身勿谋也，利在天下者必谋之。"钱氏后人遵循祖训，为民族、为国家乃至世界做出了巨大贡献。

随着时代的发展，社会发生了巨大的变化，尽管传统文化在家庭中的重要性也受到了巨大冲击，但树立好家风，制定好家训、家规仍具有十分重要的现实意义。如人民的好干部焦裕禄，他对家庭成员的教育始终十分严格，他经常教育子女的一句话就是"不能搞特殊化"。他这样说，也这样做，在子女的工作问题上他始终坚持这样的规定。正因如此，焦裕禄的几个孩子从未因父亲是县委书记而沾丝毫光。

二、家风，是现代家庭教育的渊源与根基

严家教、守家风，后世必昌。不能跟长辈顶嘴，不能睡懒觉，不能出去"疯玩"，在父母与你讲话的时候，不准耳朵里塞着耳机听音乐……这些规矩都出自日常生活，看似细碎，但句句都是规矩。古代家庭以此作为评价一个人的关键，严格督促，看起来细碎，却触及为人之道。如果一个家庭能从小事加以管教并持之以恒，就能形成良好家风。这也是严家教、守家风，后世必昌的道理。

"端家养、重家教"是中华民族历经几千年传承下来的优秀传统。公元前1100年，周公旦所写的《诫伯禽书》是中国历史上最早的家训。"一饭三吐哺"体现了周公对儿子的谆谆教诲。伯禽没有辜负父亲的训诫，几年后便将鲁国治理成礼仪之邦。由于家国同构的政治结构，"修身、齐家、治国、平

天下"的社会理念,我国古代的家风文化得到了很好的发展,后经历代仁人志士的不断传承,使这一优秀的民族文化在历史发展中成为治国、治家的宝贵财富。然而受历史极"左"思潮的影响,家风这一宝贵财富因带有"封建主义色彩"而遭到批判和否定,失去了其固有的影响力,并渐渐淡出了我们的生活。

改革开放以来,当社会生产力高速发展、市场经济不断增强、人们物质生活走向富裕之时,人的思想素质却逐渐下滑,不仅青少年一代的思想政治教育出了问题,社会道德滑坡也初现端倪,更令人担忧的是一些干部忽视纪律和规矩,产生了腐败现象等。

面对这些社会现象,党和国家采取了一系列措施,尤其是十八大以来,中共中央、国务院连续多次颁布关于做好传承和发展中华优秀传统文化工作的意见,从根本上否定了以往人们对中华优秀传统文化的片面看法。

2017年,中共中央办公厅、国务院办公厅印发《关于实施中华优秀传统文化传承发展工程的意见》,进一步强调了做好这项工作的意义和总体要求,并发布通知,要求各地区、各部门结合实际认真贯彻落实。《意见》就中华传统美德做了陈述:"中华优秀传统文化蕴含着丰富的道德理念和规范,如天下兴亡、匹夫有责的担当意识,精忠报国、振兴中华的爱国情怀,崇德向善、见贤思齐的社会风尚,孝悌忠信、礼义廉耻的荣辱观念,体现着评判是非曲直的价值标准,潜移默化地影响着中国人的行为方式。传承发展中华优秀传统文化,就要大力弘扬自强不息、敬业乐群、扶危济困、见义勇为、孝老爱亲等中华传统美德。"中国几千年累积形成的家风家训文化是中华民族优秀传统文化的一部分,积极传承和弘扬优秀的家风家训文化是传承优秀传统文化的一个重要方面。

习近平总书记十分重视家风,他说:"家风是社会风气的重要组成部分。家庭不只是人们身体的住处,更是人们心灵的归宿。"还说:"家风好,就能家道兴盛、和顺美满；家风差，难免殃及子孙、贻害社会。正所谓'积善之家，必有余庆；积不善之家，必有余殃'，广大家庭都要弘扬优良家风，以千千万万家庭的好家风支撑起全社会的好风气。"作为青少年一代的我们，应该牢记习总书记的殷切期望，进一步弘扬中华民族的优秀文化，为发掘传统好家训、形成拥有好家风的家庭做出努力，为民族的发展和社会进步提供更强大的正能量，为实现伟大的中国梦而奋斗。

目 录

孟母教子见家风 ……………………………… 001

刘邦家书给人的启发 ………………………… 004

家训家规维系千年琅琊王氏家族 …………… 008

神童父亲的烦恼 ……………………………… 011

刘备的教子之殇 ……………………………… 014

诸葛亮的育儿智慧 …………………………… 019

嵇康的家训 …………………………………… 023

流传千古的《颜氏家训》 …………………… 030

白居易的诗意教育智慧 ……………………… 035

家训铸就辉煌的钱氏家族 …………………… 038

范仲淹家道传承千年的秘诀 ………………… 043

周敦颐的清白家风 …………………………… 047

司马光家族诚、勤、俭的家风故事 ………… 051

抗金英雄岳飞的家风故事 …………………… 055

陆游诗教传家风 ……………………………… 060

马廷鸾"四留"家训教化后世 ……………… 065

王阳明的家风家训 …………………………… 069

范钦的藏书家规 ……………………………… 075

永传千古的《朱子家训》 …………………… 079

"六尺巷"与张氏家族的清白传家 …………………………… 083

曾国藩家族的十六字家训 ……………………………………… 088

一门三院士　满庭皆才俊 —— 梁启超的育儿家风 ……… 093

叶圣陶的朴实家风 ……………………………………………… 097

朱自清家族的无形家风 ………………………………………… 102

三代怀故里　五校育精英
　　—— 李兴贵一门三代捐资办学帮助家乡的故事 ……… 108

抗日名将戴安澜的家国情怀 …………………………………… 117

两封遗嘱传递无私家风 ………………………………………… 127

王宽诚先生勤劳创业造福桑梓的家风 ………………………… 132

漫画大师张乐平的慈爱家风 …………………………………… 138

成就音乐家马友友的马氏家风 ………………………………… 142

诗书传家、乐善好施的贝氏家族 ……………………………… 146

"不能搞特殊化"的焦裕禄家风 ……………………………… 151

南浔顾氏"得诸社会，还诸社会"的好家风 ………………… 155

以"乐于助学"为家风的赵安中先生 ………………………… 162

我遗子孙以清白 —— 颜志定的家风故事 …………………… 168

屠呦呦家族的好家风 …………………………………………… 172

好家风成就赵小兰的辉煌人生 ………………………………… 176

叶氏五代人守护灯塔的故事 …………………………………… 181

一家三代传承守鹤的故事 ……………………………………… 188

编后语 …………………………………………………………… 194

孟母教子见家风

孟子是中国历史上继承孔子儒学的大学问家,也是封建社会正统思想体系中地位仅次于孔子的人。孟子出身于一个没落的贵族家庭,他之所以能成为一名闻名天下的大学问家,是因为他有一位贤德聪慧、因材施教的伟大母亲。

孟母并不姓孟,她娘家姓的是一个很奇特的姓氏——仉(zhǎng)。孟母不仅姓氏与众不同,她的性格也与很多人心目中的母亲不完全一样。孟母兼有严父和慈母两种性格,且严的一面大于慈的一面。据相关史料记载,孟母是20岁那年生下小孟轲的,23岁那年,她的丈夫抛妻弃子,远赴宋国游学求仕。三年以后,一心盼望丈夫归来的孟母却听到了丈夫客死他乡的噩耗。失去了丈夫的孟母没有气馁,并快速从悲伤的情绪中走出来,下决心把儿子培养成一个有用的人。孟母从小注重教子,善于把日常生活中的事情作为教子的事例。这些教育事例既生动形象又寓意深刻。如"三迁择邻""断机教子""杀豚不欺子""劝子远行"等这些广为流传的教育故事,充分体现了孟母的教子智慧。

"三迁择邻"讲的是孟母为儿子的成长创造良好环境的故事,表明了孟母对环境育人的重视。据说,孟家最初住在一片靠近墓地的地方,出殡送葬的人们经常从此地经过,而模仿又是孩子的天性,孟轲和其他孩子看到此情此景后，也呼天喊地地模仿着死了家人的人悲伤哭泣，还兴致勃勃地玩着抬棺材、掩埋死人的游戏。孟母看到后心想，在这样的环境中长大必定会妨碍孩子正常思想的形成，也会让他走向不健康的道路，于是决定通过搬家改变孩子成长的环境。孟母带着孟轲迁居，曾到过一处繁华热闹的集镇，后觉得这里也不是孩子学习读书的理想场所，又一次迁居到学宫（即孔子之孙子思设宫讲学的地方）旁边。孟母的这种三迁做法，对孟子以后的成长及其思想的发展产生了极大影响。搬到学宫附近后，新的居住环境让孟子很早就受到了礼仪习俗的熏陶和琅琅书声的感染，为他以后致力于儒家思想的研究和发展打下了坚实的基础。

"杀豚不欺子"这则故事充分体现了孟母言传身教的教子理念。有一次邻居家磨刀霍霍，正准备杀一只小猪。孟子觉得非常好奇，就跑去问母亲："邻居他在干什么？""在杀猪呀！"孟母随意答道。"杀猪干什么？"孟子继续问。孟母笑着说："给你吃啊！"说完这句话，孟母觉得非常后悔，心想，邻居杀猪本来就不是给孩子吃的呀，以他们家如此清贫的景况，如何吃得起肉啊！我为什么要欺骗他呢？这不是教他说谎吗？为了弥补刚才的过错，也为了不失信于孩子，孟母真的买了邻居家的猪肉烧给孟子吃，以此教育儿子做人要"言必信，行必果"，同时也表明了自己行事的诚信态度。

"断机教子"讲的是孟母激励孟子发愤向学的故事。孟子天性聪颖，但也有一般孩子的顽皮。在学宫学习了一段时间后，开始时的新鲜感慢慢消失，贪玩的本性渐渐流露，孟子常常逃学，却对母亲说是寻找丢失的东西。日子久了，孟母发觉儿子经常早早回家，于是心存疑虑。有一次，孟子又早早回到了家，正在织布的孟母知道儿子又逃学了，就把儿子叫到跟前，把织了一半的布全都割断。孟子看到母亲割布，就问："为什么要这样做？"孟母回答说："子之废学，若吾断斯织也。"孟母用织布来比喻学习，用断杼来比喻废学，这种教育方法，使孟子受到了极大的刺激和启发，从而改变了逃学的坏习惯。

"子不学，断机杼"是《三字经》中的名句，好多人耳熟能详，但是我们更应想到孟母的伟大。她能把握教育机会，以活生生的教材使孟子从小懂得恒心向学。

"劝子远行"讲的是成人后的孟子一心要为天下做大事的故事。当时，操劳一生的孟母尽管看到孟子已长大，但并不放松对孟子的教育。在齐国，孟子多次向齐宣王阐述自己的政治主张，当时的齐宣王虽然以年禄十万钟酬谢孟子，但是仍不愿推行孟子的政治主张。这时的孟子常常为自己的政治抱负不能施展而烦恼，所以十分想前往愿意采纳他的政治主张的宋国，可是又担心年事已高的母亲无人照料。孟母知道儿子的心事后，对儿子说："年少则从乎父母，出嫁则从乎夫，夫死则从乎子，礼也。今子成人也，而我老矣！子行乎子义，吾行乎吾礼。"意思是一个有抱负的人，一定要以天下为第一，不要顾及个人的小事。孟母的一席话把孟子的担忧和犹豫一扫而空。孟子离开孟母后周游列国，受到了各国的空前欢迎。他的政治主张在许多诸侯国得到了顺利推行。孟子为能施展自己的理想抱负感到高兴。就在这个时候，为儿子倾尽毕生心血的孟母却一病不起。在孟母归葬故乡的路上，无论百姓还是官员，无不争相在路旁祭奠，表达对这位母亲的尊敬和哀思。

明朝著名文人廖森曾经写过一首诗称赞孟母："今古谁知孟母贤，殷勤教子地三迁。养蒙肯使为屠贩，学礼宁教戏豆笾。一旦功夫私有淑，万年道统果能传。看来作圣皆由此，尽说天生未必然！"从中不难明白孟母教子的成功之处。孟母的伟大之处，在于她在儿子的成长过程中能够针对儿子的不同成长阶段适时地予以教育。这种教育方法和教育智慧直到现在仍有十分可贵的借鉴意义。

□ 钱文君

刘邦家书给人的启发

刘邦是我国历史上开创西汉200余年基业,充满了传奇色彩的皇帝。然而,作为父亲的他,在家庭教育上又是怎样对待儿子的呢?历史上关于刘邦育儿的故事鲜有记载,但有幸的是,刘邦在临终之前写了一封家书给自己的儿子刘盈。通过这封家书,我们看到了作为父亲的刘邦的自我批评和对儿子的期许。在信中,他对儿子的交友问题提出了自己的看法。

这封信的原文是这样的:

吾遭乱世,当秦禁学,自喜,谓读书无益。洎践阼以来,时方省书乃使人知作者之意,追思昔所行,多不是。

尧、舜不以天下与子而与他人,此非为不惜天下,但子不中立耳。人有好牛马尚惜,况天下耶?吾以尔是元子,早有立意。群臣咸称汝友四皓,吾所不能致,而为汝来,为可任大事也。今定汝为嗣。

吾生不学书,但读书问字而遂知耳。以此故不大工,然亦足自辞解。今视汝书,犹不如吾。汝可勤学习,每上疏,宜自书,勿使人也。

汝见萧、曹、张、陈诸公侯,吾同时人,倍年于汝者,皆拜。并语于汝诸弟。

吾得疾遂困,以如意母子相累。其余诸儿皆足自立,哀此儿犹小也。(刘邦《手敕太子》)

上述内容翻译成现代汉语就是：

我遭逢动乱年代，正赶上秦皇焚书坑儒，禁止求学，我很高兴，自以为读书没什么用处。登基以后，方才省悟，读书使人领会作者的深意，回想以前的所作所为，实在不对。

古代尧、舜不把天下传给自己的儿子，却让给别人，并不是不珍惜天下，而是因为他们的儿子不足以担当大任。人们对品种良好的牛马尚且十分珍惜，更何况是天下呢？因为你是我的嫡长子，我早就有意确立你为我的接班人。大臣们都称赞你的朋友商山四皓，我曾想邀请他们，但没成功，今天他们却为了你而来，由此看来你可以承担重任。现在我决定立你为我的继承人。

我平生没有学书法，只在读书问字时知道一些而已。因此字写得不大工整，但还算能够表达自己的意思。现在看你写的字，还不如我。你应当勤奋地学习，每次献上的奏议应该自己写，不要让别人代笔。

你见到萧何、曹参、张良、陈平，还有和我同辈的公侯，岁数比你大一辈的长者，都要依礼下拜。也要把这些话告诉你的弟弟们。

我现在重病在身，让我担心牵挂的是如意母子，其他的儿子都可以自立了，我怜悯这个孩子太小了。

这封短短几百字的家书，饱含着一位父亲对儿子的真情，也给当今的父亲们带来很多的启示。

第一，这封家书告诉那些父亲，在处理家务事时开展适度的自我批评是非常必要的。人非圣贤，孰能无过，天下没有人是十全十美的。不管你是一位君王，或是所谓圣贤，还是凡夫俗子，在家庭中处理人与人之间的关系或教育子女时，承认自己的错误是需要勇气的。尤其是做父母的，有时候适当地承认自己的缺点和不足，不但不会削弱自身的权威，相反，能使自己在孩子心目中的形象更加可信。

第二，要想当一个好父亲，有时候适度地拉大旗作虎皮也是很重要的。大家或许会觉得"拉大旗作虎皮"是一个贬义词语，然而这里用的恰恰是中性的意思。由于种种原因，每个人可能都会存在一些缺点或不足，且在处理千头万绪的事情上也难以保证不犯错，而在犯错以后，又不可能靠一己之力来改过。在这个时候，就要借助外力。

在这里，不妨拿着名学者王阳明的一句名言来做阐释："去山中之贼易，去心中之贼难。"这个"心中之贼"在某种意义上，是一种心结。有一则佛教故事说，一老一少两个和尚想出去化缘，他们途中经过一条大河，在这条河前，找不到一条船，也没有桥，好在河水不深，尚可小心翼翼地涉水过河。正当师徒两人要涉水过河的时候，远处来了一位年轻漂亮的女子，恳求师徒二人背她过河。小和尚支支吾吾了半天一直没答应。老和尚见状想都没想，背起这位女子就过了河。过河之后，师徒二人和女子道别。走了几十里地之后，小和尚忍不住问老和尚，男女授受不亲，师父您刚才为什么要背那个女子过河呢？师父看了他一眼，意味深长地对小和尚说，我早就把那个女子放下了，但是你却一直把她背在心里。

每个人都是一个独立的个体，孩子也是一样，他们会有自己的想法，有自己对事物的判断。当孩子和父母产生隔阂以后，会失去与父母沟通的愿望，会在心里产生一些负面情绪，而这些对于孩子的成长是很不利的。父母要想办法化解自己孩子心里有可能存在的心结。

古语云：近朱者赤，近墨者黑。刘邦在写给刘盈的信中，十分沉重地提出了孩子交友的问题。一个人想成为什么样的人，交什么样的朋友尤为重要。朋友优秀，你将会从朋友那里获得人格上的熏陶、道德上的感召、学业上的长进，自然会受益无穷；相反，朋友不好，你将会受到意想不到的牵连，甚至遭受伤害，一失足而成千古恨。

由此，我们自然会联想到管仲和鲍叔牙的故事。

管仲和鲍叔牙是春秋时期两个非常有名的大臣，他们早年没有发迹的时候，据说两人经常在一起经商。在分账的时候，管仲往往会多拿多占，鲍叔牙却丝毫不以为意。别人问他，鲍叔牙说，管仲不是贪婪，他之所以多拿一点、多占一些，是因为他的家境比较困难。这些话后来传到了管仲的耳朵里，管仲感动得痛哭流涕，叹息着对别人说，真是生我者父母，知我者叔牙啊。

在生死存亡的关头，鲍叔牙还救过管仲的性命，不仅如此，鲍叔牙还把管仲推荐给与他有一箭之仇的齐桓公。正因为有了鲍叔牙的推荐，管仲才得以辅佐齐桓公成为春秋五霸之一。可以说，没有朋友鲍叔牙，就没有后来成为千古一相的管仲。选择鲍叔牙做朋友，既是管仲的运气，也是他的智慧。英国著名文学家和哲学家培根曾经说过，只有神人与疯子这两类生命体才不需要朋友。任何一个人，特别是一个未成年人，想要健康、快乐成长，交一个好朋友是非常重要的。

刘邦临终之前所写的这一封信，反映了作为一国之君的他能清醒地认识到教子的几个重要方面，并在父子沟通和儿子交友等问题上做了交代，为日后儿子的成长尽了做父亲的责任，而这些也正是值得当今做父母的学习和借鉴的地方。

□ 俞鸣敏

家训家规维系千年琅琊王氏家族

被誉为中华第一望族的琅琊王氏家族,自汉谏议大夫王吉、晋大夫王祥始,便开创了家族显贵的先河,经东汉魏晋南北朝至唐末,族中竟有六百余人的名字被刻在了中国历史上,仅宰相就有35位之多。据二十四史记载统计,山东琅琊王氏家族从东汉至清朝1700多年间,产生了36个皇后、36个驸马、35个宰相,堪称一个历史奇迹。

据史料记载,琅琊王氏家族的家训是:"夫言行可覆,信之至也;推美引过,德之至也;扬名显亲,孝之至也;兄弟怡怡,宗族欣欣,悌之至也;临财莫过乎让。此五者,立身之本。"归结其内容,主要是"信、德、孝、悌、廉"五个字,而这也是中华民族优秀传统文化的一部分。重要的是,琅琊王氏把这五者当作族人立身之本,记之心、践于行,代代相传、永不违背。

琅琊王氏除了家训,还立下一条六个字的家规:"言宜慢,心宜善。"

"言宜慢"是教人如何说话的。有关这三个字,还有一段奇异的故事。公元前77年,王吉从七品知县调到昌邑王府担任五品中尉时,因官场上聚集的全是一些溜须拍马的小人而感到忧愁和迷茫。但幸运的是,他遇到了一个指点他走出迷津的老人,这位老人送了他"言宜慢"三个字。凭借这三个字,王吉居然在险恶的官场上顺利地渡过各种难关,不仅获得了很好的声誉,还从一名知县成为朝廷重臣。

"言宜慢"告诉我们：一是在说话之前要认真思考，这样既可以让一个人变得更加谨慎、稳重和冷静，又可以练就成熟大气的人格；二是说话时语调要舒缓，这样倾听的人才会觉得亲切、受尊重，舒服顺耳。历史上因为说话不当而得罪人，甚至付出惨痛代价的人不胜枚举。可见，说话不仅是人们交流思想的媒介，更是一门艺术。

"心宜善"是王吉在公元前67年再度经过昌邑时，这位老人送给他的三个字。原来，随着官位的升高，王吉萌发了利用职权打击报复政敌的心理，把政敌整得很惨、很苦。比如，赵珞长吏就因为与王吉政见不合，被王吉恶意弹劾，最后被罢官归乡，不久就郁郁而死。这位老人知道这件事后，就劝告王吉摒除这种因意见不合就整人害人的阴暗心理。王吉虚心听取了这位老人的话，痛改前非，客观公正地对待每个人，因此受到了大家的尊敬。而送给王吉这六个字的老人，据说是汉武帝时的著名宰相孙弘。此后，王吉便将这六个字定为王氏家规，让其造福王氏子孙后代。

心宜善，与人为善，必有福报。《孟子》中写道："君子以仁存心，以礼存心。仁者爱人，有礼者敬人。爱人者，人恒爱之；敬人者，人恒敬之。"心善的人，乐于助人，救人于危难。周围的人不仅愿意与他交往，也乐意帮这样的人。《道德经》也写道："天道无亲，常与善人。"

中国有一句名言："行善最乐。"这四个字，大家都知道却不大在意，但也有人把它当作传统式的教条。其实，每个人都会有这样一种感觉，即当你做了一件好事以后，心里会感到特别舒坦，而且这种快乐是无法用言语表达的。

言宜慢，心宜善。这六个字看似简单平淡，却饱含了古人做事做人的深刻道理，从中能看到仁爱之心、进退之道。这六字家规也让王氏家族创造出了令人难以置信的奇迹。

历经千年的琅琊王氏家族得以兴旺发达的原因，是这个家族能坚守"信、德、孝、悌、廉、善"。这六个字正是中华民族生生不息的文化根源。可贵的是，琅琊王氏的家训不仅得到了很好的传承，而且其后代子孙能根据其所处的时代，在继承祖先训告的基础上补充适应时代需要的内容，为祖上家训注入新鲜的血液。例如，三槐王氏北宋名相王旦的家训，即史上有名的《王旦示子手书》，其中说道："我家盛名清德，当务俭素，保守门风，不得事于泰侈。勿为厚葬以金宝置柩中。"

王旦的另一篇家训《王旦诫兄弟子侄书》也颇为后人称道，其中说道："遭遇如此，愈增忧惧，何可贺也？生民膏血，安用许多？"

王旦深信"根深枝自茂，源远流自长"，他要求子孙后代每六十年修一次家谱，要在家谱中详细叙述先祖的德行和王氏仁恕忠厚的家风，以缅怀祖德、激励后人。

再如衡阳渔溪琅琊王氏的遗训，共计36条，洋洋近千字，强调祖上的家训尚应因势而补，其目的是"刊族谱以明昭穆之次，修家训以遗子孙，则无非所以继先人之志也，为子孙者当谨遵教戒，继继承承无替引之，庶可以无忝先人之意也"。

信德孝悌廉善的琅琊王氏家风，让时处两晋南北朝的王氏家族缤纷错综、华彩纷呈，影响了当时和以后多代人。富有戏剧性色彩的王氏家族流传下来的家训家风代代传承，至今仍有良好的教育意义。

人生短短几十年，总希望留下点什么。作为一个文明人、文化人，需要铭记信、德、孝、悌、廉、善这六个字；作为一个家庭成员，有了这六个字，就能形成好的家风；作为一个社会成员，若人人都能履行这六个字，社会风气就能得到改善。铭记这六字，纵然不会名垂千古，至少不会留有骂名。

事实上，那些得以传承百年乃至千年的大家族，除了其子孙后代受到良好的教育，更重要的是这些家族都有良好的家训、家规和家风。这才是一个家族世代传承的根本原因。

□ 费 明

神童父亲的烦恼

西汉时期有一位著名的学者,名叫刘向,字子政。他精通儒家经学和道家方术,编著的《别录》一书成为中国目录学的奠基之作,也因此被公认为中国目录学之祖。

刘向有三个优秀的儿子,最为突出的便是小儿子刘歆。刘歆不仅在儒学上有很高造诣,而且对天文历法、史学诗赋等无所不精,从小被时人称为神童。

公元前32年,汉成帝刘骜突然下了一道诏书,任命刘歆做黄门侍郎。这一官职级别虽然不是很高,却因为要常常陪侍在皇帝身边而倍显尊贵。从小被视为神童的刘歆,如此年少就得到了当朝皇帝的器重,作为神童的父亲刘向不但没有为此高兴和自豪,反而是忧心忡忡。他左思右虑,认为对于缺少社会经验和人际交往的刘歆,做父亲的还是要提醒他处处留心。于是刘向写了一封家书——《戒子歆书》给他的儿子,在信中深深地表达了一位父亲对儿子的种种担忧之情。

这封信的第一段深情地写道:"告歆无忽,若未有异德,蒙恩甚厚,将何以报。"虽然只有短短十几个字,却蕴含了很多人生哲理,对于当今的父母们有很多启示。首先,作为家长一定要教育自己的孩子树立正确的价值观。在现实生活中,我们经常会遇到这样的孩子,他们总是有意无意地把不劳而获或者少劳多得当成一种人生理想和目标来追求。虽然天会下雨、下雪、下冰雹，但天上是不可能掉馅饼的。要想获得预期的产出，就一定要有相应的投入。其次，要对父母和社会的给予学会感恩，尽管现在还力所不及，但一定要有感恩之心。最后，就是告诉孩子，几分耕耘几分收获，耕耘和收获永远是成正比的。

汉朝号称以孝立国、以孝治天下，不管是在西汉还是东汉，除了开国皇帝，每个皇帝死后的谥号都有个"孝"字。由于皇帝示范，民间就涌现出了一批"孝"的典范。缇萦是其中一个突出的代表。她是个女孩子，家中没有男孩。她的父亲犯法之后，朝廷要给她父亲施肉刑，这是一种非常残酷的刑罚。缇萦知道以后，就上书给皇帝，要舍身代替父亲接受肉刑。这个举动不但感动了当时的皇帝，几百年后还感动了大诗人李白。李白在一首诗中曾经写道："十男若不肖，不如一女英。"这个女英指的便是缇萦。由于缇萦的"孝"，皇帝免去了她父亲的肉刑，此举一时传为美谈。

在西汉时代，和孝并行的是"忠"。"忠"有很多种解释，其中最标准的一种解释是，用来规范臣子和君主之间行为关系的准则。在那个时代，涌现出了很多忠于君主和国家的典型，这方面最值得称道的是苏武。苏武出使匈奴，被扣近十年，始终坚贞不降，很好地诠释了他对汉朝廷的"忠心"。

在《诫子歆书》中，刘向向刘歆传递了"孝"和"忠"的理念，而"德"就包括了"孝"与"忠"的内容。为确保自身的可持续发展，孩子一定要像关注自己的智力发展一样，关注自己的品德修养。刘向贵为重臣，刘歆少年得志。然而刘向在自己儿子得到皇帝器重时，并非扬扬得意，夸赞儿子的才能，而是语重心长地教育他要谨慎恭敬。刘向对儿子的殷殷告诫确实是难能可贵的，显示出一位父亲的智慧与远见。

虽然刘歆聪慧过人，但他不是一个淡泊明志、潜心为学的人。俗话说，"知子莫若父"，刘向在儿子初登仕途时，便及时写下《诫子歆书》，可谓目光精准。文中说:"今若年少,得黄门侍郎,要显处也。新拜皆谢,贵人叩头,谨战战栗栗,乃可必免。"这段话换成现代的说法是,你现在年纪轻轻的,皇帝就任命你做黄门侍郎,那些新当选的官员肯定都会向你来道谢,你周围那些身份显赫的人,也会对你毕恭毕敬。在这种情况下,你应当小心谨慎,对周围的人应保持适当的距离、有礼貌。这样才能避免因为你没有"异德"而蒙恩甚厚所带来的灾祸。刘向以此告诉儿子礼多人不怪的道理。

礼仪是一个人的身份证,也是一个人在社会交往中的通行证。如果能力和地位不完全对等,古人的办法就是通过提高自身的品德修养,来弥补自身能力和所处的地位间的差距。

这封信还告诉当家长的,不仅要随时提醒孩子遵守这些交往礼仪,还要给孩子讲授一些人际交往中礼仪的使用方法。刘向作为一位睿智的学者,深知人与人的交际实际上是需要一定距离的,这种距离既有所谓心理距离,又有所谓生理距离,还有所谓社会距离。所以,他常忧心忡忡地告诫自己的孩子,在与人交往时要保持这种距离。

刘向对儿子的教育可以说是煞费苦心,但刘歆自己却放纵无度,由此造成悲剧是必然的。因此,一个人的成长,不仅需要上等的教育引导,也需要自己的努力。

□ 钱文君

刘备的教子之殇

读过《三国演义》的人，无一不为显赫一时的刘备深感遗憾。他蹉跎半生，才在军师诸葛亮的帮助下赢得一方，建立蜀国，有了三足鼎立之势。可惜的是，刘备一辈子的努力最终败在刘禅手中。不可否认刘备是位英雄，能够聚集天下文武英才为他的理想同心同德，拼杀疆场。然而刘备并不是一个好父亲。这不是说他不重视家庭教育，也不是说他一点也不讲家风、家训，只是这些家训不能在子女的教育上得到有力的贯彻，以致造成"老子英雄，儿子狗熊"的可悲结局。

刘备有三个亲生儿子，依次为刘禅、刘永、刘理。养子刘封在刘备逝世前已被杀害。公元223年4月中旬，刘备在白帝城病情恶化，下遗诏给在成都的太子刘禅（小名阿斗），并将遗诏给诸葛亮和李严过目，遗诏的主要内容如下：

我最初只是得了痢疾而已，后感染他病，看情形是不会痊愈了。人活到五十岁便不算夭折，现在我已六十多了，应当没有遗憾了，因此倒不为自己担心，只以你们兄弟的将来为念。

听诸葛丞相说，你等器量甚大，进步很快，超过他的期望，如果真能如此，我又有何忧，希望你能更加努力，勿以恶小而为之，勿以善小而不为。一切以求贤求德为目标，使臣民能对你完全心服。你的父亲一向德薄，不值得仿效。

希望你能多读书，特别是《汉书》及《礼记》，一定要详读，闲暇时也要多读诸子百家及《六韬》和《商君》，可以增加智慧、增强意志力。听说诸葛丞相整理有《申子》《韩子》《管子》《六韬》等书籍，宜多向他请教。

刘备"勿以恶小而为之，勿以善小而不为"的告诫，其实是最起码的道德底线。只要勿为恶多为善，做父亲的就满足了。字里行间，仿佛不是遗诏，而是以一位幼儿园老师的语气在说话。

刘备死后，年仅17岁的刘禅在成都继了位。与其父不同，他是个纨绔子弟，养在深宫，未经沧桑，不谙世事艰难。刘备的心里最怕阿斗学坏，尤其是怕佞臣教坏了他，因此，谆谆告诫他不要做坏事，哪怕是一丁点儿也不行。阿斗继位后的行状庸虽有之，暴行却无，也算是听从了父亲的话，但他终究是一个无雄心、无能力的庸主。

刘备遗诏中的另一点是讲"敬听师傅，父事丞相"。遗诏所再三叮嘱的其实是三个儿子，并非针对刘禅一人而言。这个遗嘱发布时，刘禅在成都，另外两个儿子刘永、刘理在刘备身边。诏文是要刘禅把诸葛亮当父亲对待，不要学项羽，抛弃了亚父范增。

"敬听师傅"是要求刘禅对诸葛亮态度恭敬，行动上言出听之、从之。诸葛亮没有辜负刘备的期望，对刘禅可谓耳提面命，悉心教导。无奈，扶不起的阿斗，终不成器。诸葛亮在他的两道《出师表》中所透露的，可谓至情至性，令人感佩至深。《前出师表》中，诸葛亮教导刘禅"亲贤臣，远小人，此先汉所以兴隆也；亲小人，远贤臣，此后汉所以倾颓也""陛下亦宜自谋，以谘诹善道，察纳雅言，深追先帝遗诏"。"深追先帝遗诏"是要求大家一起温习刘备的遗嘱。诸葛亮自表是做到了"鞠躬尽瘁，死而后已"，现在你刘禅做得怎么样？你是不是"勿以恶小而为之，勿以善小而不为"？

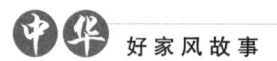

一般人认为刘禅生性懦弱，原因是童年缺爱。刘禅非刘备的嫡长子，刘禅的母亲是刘备的妾室甘氏。甘氏是刘备当豫州牧时所娶的。甘氏之前，刘备早已娶过数名夫人，却都在刘备战败过程中要么被杀，要么被俘虏。而刘禅与那些失踪或者惨死的哥哥们相比并没幸运多少。从一出生，刘禅就没过过几天好日子，经常要跟着父亲东躲西藏。有野史记载，在徐州当州牧的刘备被曹操偷袭落荒而逃后，幼小的刘禅只能跟随人群逃入西川，竟被人贩子卖了。刘备打下益州后，在将军简雍的帮助下，刘禅才回到了父亲身边。

在著名的"赵子龙长坂坡救阿斗"的故事中，阿斗刘禅差点儿夭折，好不容易被赵子龙从乱军中救出，又差点被刘备摔死以收买大将赵云之忠心。因如此种种童年的不幸，阿斗有此懦弱性格也就不足为奇了。

别看阿斗身份尊贵，是刘备钦定的继承人，但他时时刻刻处在危机之中，没有一天享受过安定的日子。可以想象，弱小的阿斗时刻缺乏安全感，自然而然性格就变得内向、懦弱。一般来说，懦弱的人往往缺乏主见，需要在亲人或者朋友中寻求依靠。缺乏安全感的阿斗，刘备在时，并不需要自己决定什么。刘备死后，诸葛亮当权，因身边有一个忠心耿耿又有强大实力的依靠，刘禅也不需要自己决定什么。等到诸葛亮以及能够依靠的有识之士先后离世，他也就失去了所能信任的有力依靠，以致将花言巧语的黄皓误当作了靠山。应该说，刘禅的童年，很可能既没有享受到母亲甘氏的温暖怀抱，也没有享受到父亲刘备对他的关爱与保护。

《三国演义》中有这样一个情节：张飞丢了徐州，让刘备失了妻儿老小，被关羽一顿痛骂。张飞羞愧之下，意欲自杀来谢罪，但被刘备一把抱住，说："兄弟如手足，女人如衣服。"由此可见，在刘备心中，妻子也好，孩子也罢，有与没有并不重要。只要有东山再起的实力，一切都可以重来。刘备把孩子当成可以随时抛弃的东西。一次次兵败逃亡的经历，一定使阿斗心中蒙上了重重的阴霾。

刘备作为父亲没有对儿子灌注过父爱，更多的只是寄托个人的野心。所谓儿子，不过是刘备为了表示自己已经拥有继承人，从而来安抚部下的谋略。

刘备平定益州，关羽北伐失败，刘封没有得到救援，丢失了上庸。逃回益州的刘封，原以为会获得父亲的谅解，至死不肯投降魏国，最终却还是被父亲处死了。别说刘备望子成龙，没有刘禅，还有刘永、刘理。刘禅之所以能够当上蜀汉帝国的皇帝，不过是因为他是存活在世的年龄最大的儿子。

其实，在孩子的教育中，好老师终究不如好父母。

当下，很多父母特别迷信好老师，尤其是迷信名师。有不少父母为了找到一个名师，让自己的孩子到他班里去上课，甚至不惜花费重金。当然，不能否认名师在学生成长过程中的作用，不少学生在名师的教育下确实获得了成功，但仍有不少学生毫无长进。好老师终究不如好父母，以刘禅为例，刘禅的老师是刘备推崇信任之至的诸葛亮。刘备不仅对诸葛亮教导儿子十分放心，而且在临终前叮嘱儿子要以父亲待之。这样毫无保留的信任，在当时，没有一个父母能够做到。但即便如此，阿斗还是阿斗，他仍然成不了材。

十一年后，诸葛亮临终手书遗表给刘禅，希望他"清心寡欲，约己爱民，达孝道于先皇，布仁恩于宇下。提拔幽隐，以进贤良；屏斥奸邪，以厚风俗……臣死之日，不使内有余帛，外有赢财，以负陛下也"。遗表有以下几层意思：一是要努力为善，为君者最大的善是施恩于天下老百姓、亲贤臣。二是不能为恶。亲小人，就是为恶，而且是大恶。然而，此时的刘禅已露出"亲小人，远贤臣"之相，欲望无度。朝中谯周曾力劝刘禅"行节俭之教，去声乐之风"，刘禅当庭予以拒绝。诸葛亮要刘禅多听听臣下的"善道"，不能不纳"雅言"。在诸葛亮的遗表中，对"批评"一词不过是换了一种委婉的说法而已。刘备的遗诏要刘禅"敬听师傅"，刘禅却没有做到，他被宦官黄皓哄得团团转，没有把蒋琬、费祎、董允等贤臣的话听进去。刘禅在位共41年，但在蜀汉的最后十年，朝中实际执权大臣先后为陈祗、董厥、樊建、诸葛瞻等。除陈祗外，诸葛瞻等均可称为忠臣。虽然他们时常规劝刘禅，却未能对宦官黄皓加以抑制或惩戒，因而导致刘禅进一步亲小人。归根结底，蜀汉的最后灭亡，刘禅应该负全责。

在诸葛亮眼里，阿斗并非庸才，他曾经用"朝廷年方十八，天资仁敏，爱德下士"褒奖刘禅。可见，阿斗并非天资愚笨，而是各个方面都比较突出的。然而，一个天资不笨、又有名师辅导的阿斗，怎么会在历史上留下"扶不起的阿斗"的骂名呢？根子还是在刘备身上。

刘备一生，蹉跎近50年，才在乱世中谋得一片江山，他给儿子刘禅留下了多少忠义之士、文臣武将。诸葛亮虽事必躬亲，但他也给刘禅预存了不少有才之士。然而刘禅最终还是没有学会父亲刘备的用人之道。由此，又得重提一句话：做一个好父亲，是一个不能忽略的重要问题。

□ 戎燕波

诸葛亮的育儿智慧

对于诸葛亮，可以说绝大多数中国老百姓都耳熟能详。由于《三国演义》等文艺作品的渲染，诸葛亮在一般老百姓的心目中简直成了神。实际上诸葛亮也是一个人，既然是一个人，就有喜怒哀乐。

据有关资料记载，诸葛亮3岁那年死了母亲，8岁那年又死了父亲，就是说，诸葛亮从8岁起成了孤儿。长大以后，他凭借自己的努力，成了当时蜀汉的军师、丞相，去世后还被封为忠武侯。应当说，在当时的社会环境下，诸葛亮取得了相当大的成功。

据史料所说，诸葛亮至少在45岁之前是没有儿子的。他为延续自己的香火，曾经将他哥哥的儿子过继到自己名下，即史书所说的"求乔为嗣"。诸葛乔过继后，改名为"伯松"。伯，长也，期盼带来次子、三子。好在天佑善人，46岁那年，诸葛亮有了一个自己的儿子。老来得子，诸葛亮真的是欣喜若狂，给儿子取名叫诸葛瞻，取字思远。由于诸葛亮对这个儿子呵护备至，所以诸葛瞻在很小的时候就表现出了过人的聪明才智。

在诸葛瞻的成长过程中，诸葛亮倾注了大量的心血，他的教育理念，主要体现在两封书信上。第一封信写于公元234年，当时诸葛亮正处戎马倥偬之际。这封信不是直接写给诸葛瞻的，而是写给他的哥哥诸葛瑾的。在这封写给兄长的书信里，诸葛亮提出了对儿子的一些期望，"瞻年已八岁，聪

慧可爱,嫌其早成,恐不为重器耳"。这段话饱含了一个父亲对儿子的满腔深情,其中也透露着难得的对儿子成人的冷静。这种冷静在某种意义上,饱含了他家庭教育的智慧。

另一封信,是诸葛亮54岁临终前写给8岁的儿子诸葛瞻的,即著名的《诫子书》。这封仅86个字的信却蕴含了十个道理,对为学做人提出了既精简又得体的忠告。这些忠告作为一千八百年前的育人智慧,在科技高度发达的今天,仍十分有益。

夫君子之行,静以修身,俭以养德;非澹泊无以明志,非宁静无以致远。夫学须静也,才须学也;非学无以广才,非志无以成学。淫慢则不能励精,险躁则不能治性。年与时驰,意与岁去,遂成枯落,多不接世。悲守穷庐,将复何及!

综观诸葛亮的《诫子书》,不难发现这短短86个字的家书,却蕴含了巨大的育人力量。

"静以修身""非宁静无以致远""学须静也"。诸葛亮忠告孩子宁静才能够修养身心,静思反省。不能静心者,则不能有效地计划未来,而且学习的首要条件是宁静的环境。现代大多数人终日忙碌,他们应在忙乱中停下来,静心反思人生的方向!

"俭以养德"即忠告孩子在生活中要节俭,以培养自己的德行。审慎理财,量入为出,尽管生活俭朴,却可以摆脱负债的困扰,更不会成为物质的奴隶。在鼓励消费的文明社会,人们应当追求节俭的生活。

诸葛亮在信中还忠告孩子要好好地规划人生,不要事事讲求名利,如此才能够了解自己的志向。面对未来,你有理想吗?你有使命感吗?你有自己的价值观吗?这是"非澹泊无以明志,非宁静无以致远"的真正用意,告诉孩子对人生要高瞻远瞩，要有长远的规划。

"夫学须静也，才须学也。"诸葛亮忠告孩子在宁静的环境中学习需要专注的心境，这样更能达到事半功倍的效果。诸葛亮不是天才论的信徒，他相信一个人的成才主要是学习的结果。一个人只有全心全力地勤奋学习，才能获得成功。

"非学无以广才，非志无以成学。"诸葛亮在信中明确告诉孩子从小立志的道理，不努力学习就不能够增长自己的才干。在学习的过程中，决心和毅力非常重要，人一旦缺乏意志力，就会半途而废。

"淫慢则不能励精。"诸葛亮的看法是凡孩子处事拖延，就不能够快速地掌握要点。当前正处于高速发展的数字时代，干什么事情都讲求效率。在此，我们不得不佩服一千八百多年前古人的智慧，竟与现代人不谋而合。快人一步，不只是达到理想，而且要留有更多时间去修正及改善。

"险躁则不能治性。"诸葛亮在这一点上，明确告诉孩子处事不可太过急躁，否则不能达到陶冶性情之目标。心理学家曾说过，思想影响行为，行为影响习惯，习惯影响性格，性格影响命运。诸葛亮清楚地知道人在一生中要做出种种平衡，既要"励精"也要"治性"。

"年与时驰，意与岁去。"诸葛亮忠告孩子时光飞逝，意志力会随着时间消磨，"少壮不努力，老大徒伤悲"。学会管理时间是现代人的观念，细心一想，会发现时间是不可以被管理的，每天二十四小时，不多也不少，只有管理自己，善用每分每秒，才不会蹉跎岁月。

诸葛亮十分重视"时间"观念，谆谆教导孩子莫让时光飞逝而过，莫让自己与变化着的世界脱节而悲叹蹉跎岁月。懂得居安思危的人，才能够临危不乱。这些家教比刻板说教更加生动，也更加具有教育的感染力。诸葛亮告诫子弟凡事应从大处着想、小处着手，脚踏实地地规划好人生，否则只能空发"悲守穷庐，将复何及"的悲叹。

古代的家训，大多浓缩了古人毕生的生活经历、人生智慧，不仅他的子孙可以从中获益，今人读来也很受教益。诸葛亮的《诫子书》可谓一篇充满智慧之语的家训，文章短小精悍，读来却发人深省，因此成为后世历代学子们修身立志的名篇。

诸葛亮教子，往往能从大处着眼，小处入手，可谓煞费苦心。正是由于从小接受父亲诸葛亮细致用心的家庭教育，诸葛瞻才能在国家面临危急存亡的时刻挺身而出，为了保家卫国，不惜献出自己的生命。前人曾写诗评价他："智谋虽不扶危主，忠义真堪继武侯。"

□ 俞鸣敏

嵇康的家训

嵇康是三国曹魏时期著名的思想家、音乐家、文学家,与阮籍等竹林名士共倡玄学新风,主张"越名教而任自然""审贵贱而通物情",为"竹林七贤"的精神领袖。嵇康工诗善文,作品风格清俊,有《嵇康集》传世。

嵇康一生藐视权贵、放浪形骸,因得罪官员钟会而被诬陷,最终被司马昭处死,年仅39岁。临刑前夕,嵇康给10岁的儿子嵇绍写了一篇《家诫》。这篇《家诫》洋洋千言,告诫儿子千万不要像自己一样走上一条不归路。

临刑之前,嵇康没有把一双儿女托付给哥哥嵇喜,而是托付给挚友山涛,并对儿子嵇绍说:"巨源(山涛)在,你不会成为孤儿了。"嵇康死后,山涛没有辜负嵇康的重托,一直把嵇绍养大成人,尽了朋友应尽的道义与责任。这件事后来成为成语"嵇绍不孤"的由来。

嵇康临死之前所写的《家诫》虽只有近千字,但字里行间传达了对年仅10岁的嵇绍的人生规划,也是嵇康临刑前深刻反思自己短暂的一生后,教导儿子在成长过程中如何处世的训告。

《家诫》首先告诫儿子要立志。"人无志,非人也。"其中包含了很多悲凉、感慨。他在信中反复叮嘱儿子:

一个人活着没有理想,就算不上是一个真正的人。而作为一个君子,只要用心,想做的事情总能成功。而一个真正有智慧的人,在行动之前一定会先想好策略。如果要做的事是心中最愿意做的事，即与你的志向相符，那么你会做到心口合一，坚定不移，宁死也不放弃。在践行理想的过程中，偶尔会有松懈或力量不够的时候，但若能以之为耻，改变之后继续努力，那么经过一段时间后一定会到达理想的境界，得到想要的结果。

如果身体觉得疲劳而力行也做得不够，被外在的物质或者内心的欲望所牵累，忍受不了眼前的患难或者放不下心里小小的不快，则会开始考虑放弃之前的努力与成绩。想放弃，心中就会有矛盾，陷入天人交战的境地。动摇挣扎的结果往往是一向难以克服的情感、欲望取胜。由此，造成了半途而废或者已经非常努力却还是失败的结果。这样的人，用他作防守不坚固，用他来进攻则太怯弱，与他定下誓约常常会被违背，而与他共同谋划时他又常常泄露消息。

由于儿子此时尚小，做父亲的不仅特别担心儿子是否能坚持，而且担心他有可能跑偏方向，所以又非常细心地给他选择了五个人生的榜样。嵇康在《家诫》中详细告诉儿子：

遇到快乐的事情时控制不住感情，处在轻松的境地时就极度放松，根本无法控制，这样的人虽然天资很好，但不会有优秀的成就；尽管一整年都很勤快，却连一天的成果也没有。看到这样的情况，君子就不得不叹息了。想当初，申包胥哭秦救楚的心志，伯夷、叔齐不食周粟的忠节，柳下惠信守诺言的坚持，苏武坚守节操的品德，可以说都很坚定。所以说，心里没有贪欲而平静、身体没有藻饰而接近自然之道的人，才是最能坚守理想的人。对居住地的官员，只要尊敬他就好了，不应和他过分亲密，也不宜和他往来太频繁。如一定要去拜访他的话，也应当注意控制时间，不宜处得太久。若是和其他人一起去拜访，不要单独留到最后，也不要在他家里留宿。之所以要你这么做，是因为官员喜欢问别人一些府衙之内看不到的事情，或者提拔、举荐他以为好的人。

从上述文字可以看出，嵇康给儿子推荐了五个值得作为榜样的人物。第一个叫申包胥，是和伍子胥同时代的楚国人。这个人不像伍子胥那样有名，但是在伍子胥为泄个人私愤而灭掉楚国之后，他发出了"君能覆之，吾必兴之"的誓言。为了兑现自己的承诺，申包胥跋山涉水，历尽艰难险阻，来到了当时的强国秦国。到秦国之后，他发现问题并没有他想象的这样简单。春秋时期史称"无义战"，用今天的话说，就是不图利益，谁也不愿意起早。因没有什么资源可与秦国交换，申包胥只好动用自身资源，在秦国王宫里哭着请求秦国出兵，最后"泣尽继之以血"。精诚所至，金石为开。秦国的军队最终配合申包胥，救了楚国。

嵇康在信中要儿子引以为榜样的第二个和第三个人分别是伯夷、叔齐。这二人是兄弟俩，他俩生活的时代正处于殷周之际，按照当时的王位传承规则，应当由伯夷来继承王位。但是父亲孤竹国君不喜欢老大，喜欢老三。知道父亲的心思之后，伯夷就断然放弃了自己的王位继承权，又担心老爸和三弟心里不安，就逃亡到其他国家去了。

老三叔齐看到大哥这样的高风亮节，十分感动，觉得不能违背传统的礼制，于是他也决定放弃王位继承权，和大哥一起去流亡。他俩在流亡过程中，正好遇上了"武王伐纣"。出于正义感，他们立刻找到了周武王并对其进行劝阻。劝阻不成，兄弟二人就"遁入首阳山中，终身不食周粟"。

第四个人生榜样叫柳下惠，姓姬，展氏，由于他封地在柳下，死后谥号为惠，所以一般人们又称他为柳下惠。在正统儒家的心目中，之所以推崇他，主要是因为他在非常复杂的政治生态中能够"直道而行"。

至于嵇康推崇第五个榜样苏武，主要是看重他坚贞不屈的精神。苏武是西汉武帝时期一个非常有名的军事外交家，他奉汉武帝的命令，以中郎将的身份，持节出使匈奴。到匈奴后，不幸被迫卷入了匈奴的一场内乱。恼羞成怒的匈奴贵族在平定了那场内乱之后，千方百计地逼迫苏武投降匈

奴,背叛汉朝。苏武在各种胁迫下,坚贞不屈,在匈奴整整待了19年,后来在别人帮助下,回到了日思夜想的祖国。嵇康选择苏武作为他儿子的人生榜样的缘由,就在于要儿子坚贞不移地面对人生,而且还应有强烈的爱国精神。

嵇康一生坚守人格、坚持信仰、蔑视权贵、宁折不弯,即便是走上了不归之路,也在所不惜。然而,在他写给儿子的临别书信中,嵇康教导儿子不仅要坚守志向,还要有保全自身、远离祸水的能力。在他的信中说:

当讲到别人提到的一些是非之事,你免不了要表明自己的态度,并因此陷入两难境地,十分难办。所以,要做到少说话,谨慎戒备,守牢自己的言行,这样就可以远离那种被人怨恨或责备的境地了。

关于儿子如何面对人生,嵇康又再三叮嘱:

平时做人应当处清净高远之地,远离凡人俗事。如果有人来麻烦、叨扰,想要你为他做一些可能要冒生命危险的事,你在推辞时,态度应当是坚定而有礼貌的。如果那人的事情有冤屈或者很紧急,而你也想帮助他,就可以采取表面上拒绝,私下却偷偷地想办法帮助他的策略。之所以要你这样做,是因为这样才可以预防、远离一些想要以此为借口拉拢、束缚你的人,也可以杜绝一些麻烦人士的请求,以保全自己的名声,这也是坚守志向的一个办法。在做一件事之前,一定要自己先审度一下是否可以去做这件事。如果有人想要改变你的计划,那么他应该说出改变之后更好的计划。如果他讲得很对,你也不要因此而自卑;如果他的理由不够充分,就应该坚持自己的初衷,坚定自己的信念,坚守自己的理想,这也是秉持志向的一个要点。

嵇康在提醒儿子处理人事关系时,又强调:

做人不能太小气,不能不知变通只懂得坚持"清远"的形象。在遇见贫穷困苦的人时,如果有帮助、救济他的能力,就应当去帮助他。但如果有人为了从你那里得到什么好处而一直跟着你，你应当权衡轻重后表明自己的态度。就算他一直跟着你求你，也应当坚定自己的立场。在大部分情况下，人家之所以会求你帮助，一般是因为他没有而你有。如果轻易为别人竭尽所有，不忍心拒绝别人的当面请求，勉强自己去帮扶没什么交情的人，那就不是真正有远大志向的人。语言这个东西，是君子表达自己的重要形式，应用之时，君子的是非态度等都会通过它轻易显示出来。所以，说话之时要谨慎。如果讲出一些话会产生一种难以停止的欲望，虽然本来很想讲，也应当考虑一直讲下去可能引起的过失与其他不当的后果，就应先忍着不说，事后再来看自己不讲的这件事也没什么不可以的，而说出来却可能有什么不当之处。因此能不说的话，就尽量不说，以保证少做些不该做的事。而且世俗之人传好消息很慢，传坏消息倒是很快，又喜欢讨论别人的过失短缺，这都是常人喜欢的议题。这样的人坐在一起讨论的事情，自然不是什么高尚的话题。一点小小的消息变动，一样样都被谈论，其实这些根本不足以去附和。不符合"义"的话不说，细心安静地谨守值得尊敬的大道，难道不是减少后悔的一种办法吗？

人都有自己的判断、喜好，有赞许也有不认同，甚至想与人争论，但在你不知道这么做得失情况如何时，还是谨慎些，少去干预的好。姑且沉默地去观察，慢慢地自然会明白事情的是非。有时小小的正确其实算不得正确，而小小的错误也不算是错误，这些情况都不要用言语干预。就算是有人来问了，也可以告诉他说自己不知道而避免直接回答。在遇到别人争论的时候也是如此。如果遇到有人争论，而且有越吵越厉害的趋势，就应当找个机会离开而不要有任何留恋。因为这是他们将要开始争斗的前兆，你一开口就说明你肯定是站在其中一方，这时若你错将他不对的地方认为是对了，而另外一个人会认为你是私心想帮助这个人而与他作对，心里面就会对你有怨恨讨厌之情。就算你能忍住不说，就坐着看他们争吵，但你明明看出了是与非，却不参与争论，这是"有仁心却无用武之地"的表现，从义而言又是不可为的事情，因此你应当远离他们。而且大部分喜欢争辩诉讼的人，都是小人。就算其中有是非曲直之分，你与他一起为之，就算是胜利了又有什么值得称道的呢？还不如远离他们为好。如果偶然间讲了一些犯忌讳的话，而那个知情的人如果节操不是很好，以这点作为威胁，你也不用因为害怕而被他利用，让他去说吧。对那种小人的作为不去理会的人才算是真有志向的人。对外表荣耀华美的事物应当减少欲望，假如不是非常关键的事，就应追求最终达到无欲的境界，这是最美最好的境界。不需要为小事卑微谦恭，应该在大处谦让，也无须计较小小的廉耻，而应当保全大节。比如遇到朝廷招募时让出官位，面临大义时宁愿牺牲生命，像孔文举请求代兄长去死，这是忠臣烈士才有的节操。

读了《家诫》中的这些文字后，了解、熟悉嵇康为人与性格的人们一定会说，信中所讲的顺话、谦让和两全其美的说法，是不是与嵇康的真实性格不符？是不是嵇康向严酷的现实低头，向生活屈服？其实不是，这恰恰真实反映了一位父亲如杜鹃泣血般的爱子情怀。

嵇康的狂放、任性、耿直、淡泊，以及他在音乐、文学等多方面的才华，在古代文人中都独树一帜，实属罕见。然而，自由狂放虽然成就了他的才华，但也因此将他逼上了生活的绝路。嵇康不想让自己的儿子重蹈覆辙，希望儿子谨言慎行从而获得安稳的生活。

正如信中所说，"若有怨急，心所不忍，可外违拒，密为济之"。就是说如果有别人想要你帮忙，你也确实觉得需要帮，最好不要在表面上大张旗鼓、轰轰烈烈地去帮人，你可以说这件事我爱莫能助，但私底下可悄悄去帮助他。在这里，我们可看出嵇康并不排斥见义勇为。做好事帮助别人的时候，一定要学会保护自己，这样做既可以减少不必要的麻烦，也可以让你有更多的时间和空间去帮助更多的人，做更多的事。

纵观嵇康的一生，从表面上看，他是愤世嫉俗、有一肚子不合时宜的想法的，但是在他桀骜不驯的外表下，我们还能看到温良恭俭让的影子和本质。这也可以解释为什么像嵇康这样一个愤世嫉俗的人教育出来的儿子嵇绍后来能够成为被文天祥点赞的大忠臣。

□ 戎燕波

流传千古的《颜氏家训》

颜之推(531—约597),是我国魏晋南北朝时期著名的文学家和教育家。《颜氏家训》是由颜之推根据自己从小接受的家庭教育和切身经历得出的体会和感悟写成的,记述了个人的人生经历、处世哲学。

《颜氏家训》是我国历史上第一部内容丰富、体系宏大的家训。全书阐述了立身治家的方法,其内容涉及广泛,在教育上强调应以儒学为核心,尤其注重孩子的早期教育,并对儒学、文学、佛学、历史、文字、民俗、社会、伦理等方面提出了独到的见解。家训内容切实、语言流畅,直接开后世"家训"先河,成为中国传统社会的典范教材。颜之推并无赫赫之功,也未列显官之位,却因一部《颜氏家训》而享千秋盛名。

《颜氏家训》作为中国文化的一部重要典籍,不仅表现在该书"质而明,详而要,平而不诡"的文章风格上,以及"兼论字画音训,并考证典故,品第文艺"的内容方面,更表现在该书"述立身治家之法,辨正时俗之谬"的现世精神。因此,历代学者对之推崇备至,视之为垂训子孙以及家庭教育的典范。

从家训角度出发,并联系当今青少年的成长,我们可从"早学""勉学""风操"等方面来了解《颜氏家训》历经千年至今犹存的育人意义。

颜之推在《家训》中提出"教子宜早"的观点,强调了早期家庭教育的重要性，也强调"父母严而有慈，则子女畏慎而生孝"。父母对待儿女要爱子有方，既不可简慢，也不可溺爱无量。爱是大智慧，做父母的要学会爱孩子，才能让孩子在成长路上感受到家的温暖、生命的美好。然而，在爱孩子的同时，父母也要保持威严的一面，以便在孩子的心中树立威信。颜之推"爱严结合"的教育理念，是当前家庭教育理念的典范。

对孩子及早进行规范训练，培育孩子从小养成平和的心性，养成良好的行为习惯，是他们一辈子用之不竭的财富。当代中国，大多数父母由于只有一个孩子，所以对小孩十分溺爱，这就造成了很多"饭来张口，衣来伸手"的小皇帝、小公主。这无疑对他们的健康成长和个性发展是不利的。从这点上说，《颜氏家训》带给我们的启示是弥足珍贵的。

《勉学》是《颜氏家训》中一个很重要的篇章，篇中有一句名言："幼而学者，如日出之光；老而学者，如秉烛夜行，犹贤乎瞑目而无见者也。"这句话讲的是"从小学习的，如日出的光芒，见识多。老来再学的，像拿着蜡烛赶夜路，看到的东西虽少，但总比到死了什么都见不到好啊"。对小时没有很多学习机会的家长来说，可以像你的孩子一样继续学习，和孩子一起成长。

读书的用处是什么？颜之推认为，人们读书做学问的目的在于开发心智，这样方能在人生路上走得更远、看得更清楚，有利于做人处事。

为了能让颜氏家族的子孙们理解早读、早学的意义，颜之推收集了一些勤学佳话，以勉励子孙们努力学习。在《颜氏家训》中，列举了不少历代名人，包括梁元帝为皇子时勤奋学习的故事，苏秦握锥、文党投斧、孙康照雪、车胤聚萤、常林带着经书去种地、温舒携书简去牧羊等故事。这些古人勤学的佳话，旨在告诉人们：勤学不辍必成大器。这对现在广大青少年仍然有着莫大的教育力量。

在操守与才学方面，《颜氏家训》对颜氏后代子孙的影响也十分巨大。以唐朝为例，有注释《汉书》的颜师古，有书法为世楷模、影响千年的颜真卿，

有凛然大节震烁千古、以身殉国的颜杲卿。还有颜杲卿的儿子颜季明。公元756年,不受叛将诱降、坚决守城的颜杲卿在安史之乱中给叛军以沉重打击。据说,叛军抓住颜季明后,用他来胁迫常山太守颜杲卿投降,遭到颜杲卿拒绝的叛军就把他儿子颜季明杀了。直到两年后,颜季明的家人才找到他的遗骸,仅有一头颅。

得知堂侄被杀的颜真卿怀着巨大的悲痛,写了一篇《祭侄文稿》,在悼文中介绍了堂侄是如何优秀做人,如何成长为家族的骄傲。悼文表达了一位叔父在目睹侄儿头颅时的悲愤之情。有幸的是,这幅《祭侄文稿》历经千余年仍为台北故宫博物院所藏,堪称稀世珍宝。

颜季明与父亲颜杲卿及全家30余人死于安史之乱。在动乱年代,颜氏家族坚贞不屈、誓死卫国的精神永驻史册。

颜真卿是颜之推后裔。他不忘家训勤奋好学,少时家贫缺纸笔,就用笔蘸黄土水在墙上练字。初学褚遂良,后又师从张旭,在张旭的指导下,领悟了书法真意,终于形成雄健、宽博的颜体楷书风貌,树立了唐代楷书典范。

颜真卿不仅在书法上卓有成就,而且他在仕途之中也不忘家训,并不断践行。他为官清正廉洁,尽力维护社会的正常秩序。颜真卿在抚州任职期间,关心民众疾苦,注重农业生产,热心公益事业。面对抚河正道淤塞、支港横溢、淹没农田的现状,他亲自带领民众在抚河中心小岛扁担洲建起一条石砌长坝,从而解除了水患,并在旱季引水灌田。当地百姓为纪念他,将这条石坝命名为千金陂,并建立祠庙,四时祭祀。

当安禄山发动叛乱时,颜真卿联络从兄颜杲卿起兵抵抗,附近十七郡相应,合兵二十万,迫使安禄山不敢急于进攻潼关。

德宗兴元元年(784),淮西节度使李希烈叛乱,当时的朝廷宰相卢杞因忌惮颜真卿为人,欲趁机借李希烈之手杀害他,便派他前往劝谕。此时的颜真卿已经是七十开外的老人了,朝廷文武官员都明白卢杞此举是想借刀杀人,排除异己,都为颜真卿担心。颜真卿却毫不在乎,带领几个随从便前往淮西。唐朝宗室李勉听到消息后,觉得朝廷将失去一位元老,于是秘密上奏请求留住他,并派人到途中去拦截他,但为时已晚,没能截到。

叛将李希烈听到颜真卿来了,想给他一个下马威,见面时,叫他的部将和养子一千多人聚集在厅堂内外。颜真卿刚开始劝说李希烈停止叛乱归顺朝廷,那些部将、养子们就纷纷冲了上来,个个手中执着明晃晃的尖刀,围住颜真卿又是谩骂,又是威胁。但颜真卿此来,早已怀着威武不屈、以死明志之心,他面不改色,朝着他们冷笑。

李希烈见此计不行,便把颜真卿送到驿馆,企图慢慢软化他。此时,李希烈部下都派使者来劝李希烈早日称帝。李希烈大摆酒席招待他们,也请颜真卿参加。使者见到颜真卿来了,都向李希烈祝贺说:"早就听说颜太师德高望重,现在元帅将要即位称帝,正好太师来到这里,不是有了现成的宰相吗?"

颜真卿扬起眉毛,朝着叛逆者们骂道:"什么宰相不宰相,我年纪快八十了,要杀要剐都不怕,难道会受你们的诱惑,怕你们的威胁?"

李希烈见此情景也没什么办法,只好把颜真卿再关起来,派士兵监视他。士兵们在院子里挖了一个一丈见方的土坑,扬言要把颜真卿活埋在坑里。第二天,李希烈来看他,颜真卿对李希烈说:"死生由命,何必玩弄这些花招。你把我一刀砍了,岂不痛快!"

过了一年,李希烈自称楚帝,又派部将逼颜真卿投降。士兵们在关押颜真卿的院子里堆起柴火,浇足了油,威胁颜真卿说:"再不投降,就把你扔火里烧。"

颜真卿二话没说,就往火里跳去,叛将们忙把他拦住。

785年8月23日,李希烈再次劝降颜真卿,而颜真卿指着李希烈大骂,恼羞成怒的李希烈最后叫人把他缢死,颜真卿时年77岁。

其实,《颜氏家训》对颜氏后人的影响,并未止于颜真卿,即便到了宋元两朝,颜氏后人也仍入仕不断,令之后明清两代人钦羡不已。

由此可见,《颜氏家训》不仅是一部有着丰富文化内蕴的作品,而且在家庭伦理、道德修养方面对我们今天仍有着重要的借鉴意义,颜之推在特殊的政治氛围中所表现出的明哲思辨,对后人仍有着宝贵的学习价值。

□ 白　露

白居易的诗意教育智慧

白居易,字乐天,号香山居士,是唐朝杰出的现实主义诗人,也是唐朝诗坛上作品最多的诗人,仅流传至今的诗歌就有近3000首,其中《长恨歌》《卖炭翁》《琵琶行》等成为传世名篇。

据史料记载,58岁那年,白居易老来得子,可谓欣喜若狂,兴头上赋得一诗以示庆贺。但谁能料到,上天竟这么捉弄白居易,小孩不到3岁就夭折了。伤心欲绝的白居易又忍不住为此赋诗一首。在诗中,白居易提到了一句话"于今又作邓攸身"。邓攸是谁呢?为什么白居易会在心情不好的时候提到这个人?邓攸是西晋的一个名人,他之所以有名,是因为他在生死关头把生的希望留给了自己的侄子,却将死亡留给了自己的独生子。在中国传统文化中,邓攸一般被视为侄儿辈的保护神。白居易写这首诗的目的是向世人表明,从今以后,他要把在自己儿子身上没有完全施展出来的家庭教育施展到其他晚辈身上。白居易的育人方式与众不同,即以诗歌来育人,如《遇物感兴因示子弟》一诗。这首诗的原文是这样的:

圣择狂夫言,俗信老人语。我有老狂词,听之吾语汝。吾观器用中,剑锐锋多伤。吾观形骸内,骨劲齿先亡。寄言处世者,不可苦刚强。龟性愚且善,鸠心钝无恶。人贱拾支床,鹘欺擒暖脚。寄言立身者,不得全柔弱。彼

固罹祸难,此未免忧患。于何保终吉,强弱刚柔间。上遵周孔训,旁鉴老庄言。不唯鞭其后,亦要轫其先。

白居易在这首写给晚辈的诗中,语重心长地寄语处世者,不可苦刚强。当长辈的,有的时候难免会遇到一些自视甚高的晚辈,从时间的角度加以考量,这是人们常说的,长江后浪推前浪,一浪更比一浪强。然而,后辈们是否想过,你等如今的"强",是因为站在了前人的肩膀之上。按照历史发展的客观规律,总有一天,你也会成为后人的肩膀。从空间的角度来看,即"山外青山楼外楼,更有能者在前头"。作为后辈的你有自视甚高的资本,并不意味着在彼地你也有自视甚高的资格。所以,不管你何时何地取得了自以为甚高的资本,一定要记住一个人生道理:为人处世要怀有一颗谦逊的心。

白居易在这首诗中告诉后辈们,个人的立身处世分为刚和柔,在他看来偏执任何一端都不利于立身处世,立身处世的要义是要适中,不能太刚也不能太柔。可以说这是白居易为官40余年,历经官场凶险、风云变幻之后的人生经验。

这首诗带给我们的另一个启示是,要教育晚辈们学做一个得体的人。古今中外,凡是成功的施教者往往都希望受教育者成为一个得体的人。按照不同的标准,得体的人也会有不同的体现。在这首诗中,白居易提出了两条得体的标准:一是儒家的标准;二是道家的标准。

儒家的标准,即诗中所说的"上遵周孔训"。在儒家的心目中,符合理想人格的榜样应当是"穷则独善其身,达则兼济天下"的人,谢安是其中一位。谢安是东晋时期著名的政治家,很小的时候就表现出过人的聪明才智,所以当时朝廷中一些高官纷纷举荐他出来做官。然而谢安本人处事却十分谨慎,他审时度势,认为凭他当时的才智尚不适宜出来做官,于是婉言谢绝了。后来他觉得时机成熟了,就响应了别人的号召,出来做官。谢安先是在大将军桓温的手下做了一个幕僚，后来当桓温露出他的真面目，起兵背叛东晋朝廷的时候，他又当机立断，想方设法平定了桓温的叛乱。谢安身上体现出的正是儒家知识分子的理想人格。

在当时，白居易虽然以礼佛出名，但他又是一个道教信徒，"身着居士衣，手把南华篇"（《游悟真寺诗》）。佛道修养造就白居易独特的人生思考和行为方式，他把道家的思想，身体力行地体现在自身的生活实际中，以及对后辈的教育中。

白居易教育下辈们学做一个得体的人，其实是他自身晚年时的追求和践行。他经常进行自我的心理调适，时时以通达的态度面对不如意，从中获得一种精神的超越，保持知足常乐的心境。"浮荣及虚位，皆是身之宾。唯有衣与食，此事粗关身"（《初除户曹喜而言志》），教育下辈们要保持超脱名利的非功利人生态度。知足随缘就是白居易的思想对道教知足守分、遂心自适思想的一脉相承。

《遇物感兴因示子弟》是白居易在70岁高龄时，总结自己的人生经验和处世方式，现身说法传授给子孙的一首诗。晚年的白居易，大多是以"闲适"的生活态度反映自己"穷则独善其身"的人生哲学。白居易去世以后，当时的皇帝唐宣宗李忱曾经写过一首诗悼念他，这首诗的最后有两句话："文章已满行人耳，一度思卿一怆然。"从现在长辈对子女，乃至孙辈们的教育状况来看，将这两句话改为"家教智慧传千古，一度思君一豁然"，似乎更能反映白居易诗教的智慧。

□ 鲁建红

家训铸就辉煌的钱氏家族

当代中国,凡说起"三钱",无人不晓,无人不知。"三钱"说的是中国三位著名的物理学家钱学森、钱三强、钱伟长。他们同属中国江南一带的一个显赫的大家族——钱氏家族。

这是一个历经一千三百多年的大家族,也是一个人才辈出的望族。据考证,钱氏家族是中国历史上吴越国王钱镠(852—932)的后嗣。钱王当政时,坚持"以民为本,民以食为天"的国策。礼贤下士,广罗人才;奖励垦荒,发展农桑;内修水利,建江堤、修水闸,防止海水回灌,方便船只往来。钱镠在位四十多年,北方连年混战,民不聊生,而吴越国则社会稳定,经济繁荣,百姓安居乐业。其后的钱氏三代五王,都在祖上治世基础上有所突破和改变,政绩卓著,吴越国成为五代时期最为富有的国家。

钱王历代后裔不但治国有方,而且眼光远大,在变化多端的社会变动中,均能世事洞明,方略得当,以至钱氏家族得以平安延续,于惊涛骇浪中处于不败之地。而最为后人所称道的是钱镠的孙子钱弘俶的英明之举,保钱氏家族得以长久平安。

这件事情是这样的:赵匡胤在吞并所有藩国之后,准备挥师南下,统一中原。这对已相传三代的吴国来说,不得不权衡天下形势。如此区区一小国如果此时与赵匡胤相对抗,无非以卵击石。面对这种形势,钱弘俶遵循祖训,当机立断,率领全族三千余人赶赴开封,面见太祖,俯首称臣,即历史上传为美谈的"纳士归宋"事件。富饶美丽的江南河山因此避免了一场腥风血雨的战祸。钱弘俶的英明决策保全了钱氏的宗脉。宋时编写的《百家姓》,第一句是"赵钱孙李"。赵氏为帝,所以被排在第一位,而钱氏被排在第二位,是因为为和平统一中国做出巨大贡献的钱氏家族受到当时老百姓的拥戴。

回顾钱氏家族历史,钱氏后裔繁茂,人才辈出,主要归根于钱氏祖辈识大体、明大理。这从钱镠时所著的《钱氏家训》可知。该家训从个人、家庭、社会乃至国家四个层面告诫钱氏后辈们。从个人角度讲,要求子孙们"存心谋事不能违背规律和正义,言行举止都应不愧对圣贤教诲";为成为一个正直明理之人,要求家族中的每一个人"曾子之三省勿忘,程子之四箴宜佩"。

从家庭角度讲,要恪守"父母伯叔孝敬欢愉,妯娌弟兄和睦友爱"。"祖宗虽远,祭祀宜诚;子孙虽愚,诗书须读"。在择媳选婿大事上,一定要记住"娶媳求淑女,勿计妆奁;嫁女择佳婿,勿慕富贵"。治家应记住"勤俭为本,自必丰享;忠厚传家,乃能长久"。

从社会层面讲,要"信交朋友,惠普乡邻"。在别人有困难时,要及时伸出援手,帮他们"救灾周急,排难解纷"。而且要为社会多做善事,"修桥路以利从行,造河船以济众渡"。要关心乡人的教育,"兴启蒙之义塾,设积谷之社仓"。

在国家层面,凡后辈们当了官的,一定要"执法如山",而于己要不断修炼,"守身如玉"。对待子民,必须做到"爱民如子,去蠹如仇"。面对个人与国家的关系,要牢记"利在一身勿谋也,利在天下者必谋之;利在一时固谋也,利在万世者更谋之"。于此,就不难理解钱弘俶为何携族人三千余众至开封"纳士归宋"之举,这是钱弘俶之大智慧啊!钱弘俶此举是遵循祖上遗训所为。由此，能看到钱镠在世时的高瞻远瞩，他告诫后人以民为贵，休为一家之社稷而动干戈。

钱镠虽出身寒微，以武起家，但晚年好学，在家族中树立了一个好榜样，由此影响王室学风甚盛。他对后代的教育非常看重，经常让孩子们诵读经典。至吴越国"纳士归宗"后，子孙中出了许多文学家、藏书家、医药家。

历朝历代，钱家出举人进士无数，状元也不少，优秀人才遍布世界各地，涉足各领域。正是在《钱氏家训》的训导之下，钱氏家族才得以兴旺发达。宋代钱昆，官至秘书监。明代钱福，会试和殿试都名列第一，后任翰林院修撰。钱士开是万历年间殿试第一名，后任礼部尚书兼东阁大学士。明末清初，文学大家钱谦益也是万历年间进士，官至礼部侍郎。清乾隆年间，出了大名鼎鼎的进士钱大昕，他于音韵训诂学上多有创见，长于校勘考订，著有《廿二史考异》。史家陈寅恪说，钱大昕的治学"精思博识"，"为清代史家第一人"。到了康熙朝，钱名世为一甲进士，后任翰林院侍讲。此外，清代藏书家钱曾，学者钱塘、钱仪吉，书画家钱沣、钱陈群，书法家钱坫，画家钱杜，篆刻家钱松，诗人钱鲁斯等名人都是名噪一时的钱氏后裔。

现当代，钱氏家族是出院士最多的家族。我们熟知的"三钱"，就是现代钱氏家族的杰出代表：钱学森属杭州钱氏，诺贝尔化学奖获得者钱永健是他的堂侄；钱三强属湖州钱氏，其父亲是新文化运动著名人物钱玄同；钱伟长则是无锡钱氏，与大名鼎鼎的钱锺书同宗，都称国学大师钱穆为叔叔。仅无锡钱家就出了10位院士和学部委员，他们是台湾"中研院"院士钱穆，中科院院士钱伟长、钱钟韩（钱锺书堂弟）、钱临照、钱令希、钱逸泰以及江阴钱保功、中国工程院院士钱易（钱穆长女）、钱鸣高，中科院学部委员钱俊瑞。

著名的两弹元勋钱学森更是钱氏家族后辈们的杰出代表。第二次世界大战中后期，钱学森已是顶尖的空气动力学家、航空工程与火箭技术专家。他的导师冯·卡门曾说,钱学森的研究成果为美国航空工业和火箭技术提供了"强大的发展原动力"。美国军方同样盛赞钱学森的工作,认为他对盟军在第二次世界大战中的胜利做出了贡献——美军航空母舰和太平洋小岛短跑道上的军用飞机和重型轰炸机配备的火箭助推器都是钱学森的杰作。

在麦卡锡主义控制美国的年代,钱学森受到极不公正的对待。他被怀疑是共产党,他参与美国国家机密研究的资格在1950年被取消了。当他毅然打算回到祖国的时候,美国移民归化局的回答是:禁止离境。随后他被指控隐瞒了自己的共产党身份,横遭逮捕。在美国的最后几年,钱学森如同软禁。他在通过秘密渠道发给国内联系人的信中说他无一日、一时、一刻不思归国,参加伟大的建设高潮。

1955年,钱学森回到祖国。几个月后,他向中央提交了《建立我国国防航空工业的意见书》。

1966年,中国成功地进行了导弹核武器试验,震惊了全世界。

仅用10年时间,钱学森开创的中国导弹航天事业取得了丰硕成果。

1968年,钱学森编制了我国人造卫星、宇宙飞船十年规划。两年后,中国发射第一颗人造卫星,《东方红》的旋律响彻宇宙。

1991年,中共中央授予钱学森"国家杰出贡献科学家"称号和"一级英雄模范"奖章。

"三钱"之一的钱三强,是中国最早研究原子能的科学家之一,他走的是一条前人未曾涉足的艰难道路,却取得了举世瞩目的巨大成就。追随父亲脚步的钱思进也在粒子物理研究方面成绩斐然,于2012年发现了被称为"上帝粒子"的希格斯玻色子。父母的言传身教无时无刻不在鞭策着他,使他在学业和事业追求上从不懈怠。

2008年6月,"吴越钱王与长三角繁荣主题报告会"在杭州临安举行,

钱学森在贺电中说:"我们的祖先,他们的政绩只是'致富一隅',而我们后人的事业,是使整个中国繁荣富强。老祖宗地下有知,是会高兴的。"正如钱学森贺词中所说的,钱镠和他的后代们,一千多年来遵循祖上的家训"利在一身勿谋也,利在天下者必谋之",为国家乃至世界做出了巨大的贡献。

范仲淹家道传承千年的秘诀

范仲淹是北宋时期著名的宰相，他曾经写过一篇脍炙人口的文章《岳阳楼记》，其中"先天下之忧而忧，后天下之乐而乐"的名句，历经近千年，仍深深烙印在一代又一代中国人的心坎里。

范仲淹祖上范履冰曾在唐朝廷任过宰相，但到他出生时，范家已十分清贫了。范仲淹两岁丧父，不久母亲便改嫁邻乡的一个朱姓人家，范仲淹就随继父姓朱，另取名为"悦"。范仲淹从小就有志向，而且做人行为端正，严守节操。在清贫环境中长大的他知道自己的身世后，常常暗自伤感。一天，他流着泪告别母亲，只身到应天府谋生。好在范仲淹在应天府遇上了恩师戚同文，后来就跟随戚师。范仲淹学习十分努力，昼夜不停歇。冬天的晚上读书累了，用冷水浇脸；平日由于钱财有限，食物不足，常常以稀粥果腹。冬天天气寒冷，刚煮好的稀饭，没多久就结成冰。他就将结成冰的稀饭划成四格，每一顿只吃其中的两格，过着令人难以想象的"断齑画粥"的艰苦生活，但在学习上从不懈怠。

古人说"十年寒窗无人问，一举成名天下知"，范仲淹正是凭借这份刻苦努力，考取了功名，并且做了大官。有了俸禄以后，他就把母亲接到身边奉养，时人纷纷称他为真孝子。不久，他将姓氏改回"范"姓，还改了自己的名字。

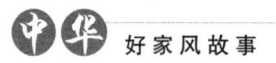

范仲淹内心刚毅、外表谦和，对母亲极其孝顺。他以自己的行为教育子女。即便后来当了高官，他也没有因此过着骄奢淫逸的生活。

他曾谆谆告诫诸子说："吾贫时，与汝母养吾亲，汝母躬执爨，而吾亲甘旨，未尝充也。今而得厚禄，欲以养亲，亲不在矣，汝母亦已早逝，吾所最恨者，忍令若曹享富贵之乐也！"范仲淹对子女的告诫不只是停留在言语层面，而是以身作则，做出表率。每天睡觉前，他都会衡量一天的花费与当天所做的事是否对等。如果花费与所做的事相称，便心安理得，鼾息熟寐。如果不相称，就终夕辗转反侧，不能安眠，且第二天一定要做出弥补。

范仲淹的俭朴并非吝啬。据欧阳修为范仲淹所撰的神道碑记载，范氏"终身非宾客食不重肉，临财好施，意豁如也。及退而视其私，妻子仅给衣食"。说的是家里没客人时，菜肴中最多只有一盘肉菜，妻子、儿女平日的花费也只是满足最基本的衣食需要。但在面对需要帮助的人时，范仲淹却非常慷慨大度。

除了俭朴，范仲淹还要求家人勤学苦学、廉洁奉公、不营私利。在他留下的家书中，有一封是写给他哥哥范仲温的，内容包含了对其侄儿的教育："二郎三郎，并勤修学，日立功课，彼中儿男，切须令苦学，勿使因循。须候有事业成人，方与恩泽文字。"宋代中高级官员可以根据职位高低，申请授予子侄等亲属一定的官职，这在制度上称为荫补。宋代官僚子弟中，有不少不求上进之人，仅凭荫补入仕。范仲淹在这封信中告诫他的哥哥，虽然他有资格向朝廷申请授予两个侄儿官职，但前提必须是两个侄儿在学业上已取得一定的成绩，否则他决不会奏请荫补。同时他还亲自写信给两个侄儿说："汝等但小心，有乡曲之誉，可以理民，可以守廉者，方敢奏荐。"意思是说你们必须好好学习、好好做人，等到你们学业、道德两者都有一定成就，名声为乡里所传诵，有治理百姓事务之才能，有廉洁奉公之操守，我才会向朝廷申请授予你们官职。

后来两位侄儿不负所望,范仲淹也就奏荐二人出仕。三郎做官后,他又写信谆谆告诫说:"汝守官处小心,不得欺事。与同官和睦多礼,有事即与同官议,莫与公人商量。"还说:"自家且一向清心做官,莫营私利。汝看老叔自来如何,还曾营私否?自家好,家门各为好事,以光祖宗。"在这封信里,范仲淹特别强调,不得纵容乡亲到自己所管辖的地方做生意。范仲淹生前不营家产,在徐州任官的他去世后,家人只能暂时借居官舍,毫发不爽地实现了他对侄儿所说的"不营私"的主张。

范仲淹的言行对诸子侄影响很大。其长子范纯佑,年少时就"尚节行"。范仲淹在苏州做官时,创建郡学,聘请当时的名儒胡瑗担任老师。胡瑗对学生要求很严格,使苏州的不少士子们难以适应,这让范仲淹十分头痛。不料年龄尚小的纯佑主动请求入学,且事事都能达到老师胡瑗的要求,感动了比他年长的同学。

范仲淹不仅在学业上要求子侄勤奋努力,而且一有机会就要求子侄进行实际的磨炼。西夏叛乱时,范仲淹奉诏守边,也带上了纯佑。尽管身为主帅之子,但范纯佑经常身先士卒,亲冒矢石,屡立战功。不幸的是,范仲淹被贬官邓州时,纯佑暴病,以致痴呆。

范仲淹次子范纯仁,是宋史上大名鼎鼎的人物。范仲淹去世后,纯仁承担起照顾病兄的责任。纯佑患病十九年后去世,葬于洛阳。考虑到范家向来清俭,范仲淹的好友韩琦与富弼专门写信给洛阳地方官,让其帮助纯仁妥善安葬纯佑,但纯仁谨守父训,不愿接受资助。范纯仁后来出任宰相,亦以廉洁勤俭著名。

范仲淹在教子为官时,尤其强调清廉。他曾说"吾所最恨者,忍令若曹享富贵之乐也"。他时时告诫自己的子孙亲友要"清心做官,莫营私利"。人心要清,为官要廉,心不干净清明,总想往邪路上走,可能会得到一时的荣华,但长久不了。善恶到头终有报,只来早或来迟。只有干干净净、扎扎实实做官,才能走得长远,为己、为家才能长久兴旺。

在这种家风的影响下,范仲淹的后人都十分出色。他生有四个儿子,除长子外,次子官至宰相,三子官至礼部尚书,四子官至户部侍郎,而且个个道德崇高,不仅自己生活节俭,也像他们的父亲那样积德行善,舍财救济众人。十几代下来,范氏家族越来越兴旺,到清朝时,范氏家族共出了70多位相当于部长级以上的高官。

近千年来,范仲淹的后代子孙衍传成千上万,分布在世界各地。无论何时何地,他们对于那位杰出祖先留下的家训,都是谨记恪守,不敢稍有逾越。1970年出版的《台湾范氏大族谱》一书开宗明义,刊载了由范朝灯先生以正楷恭书的《范文正公家训百字铭》:

孝道当竭力,忠勇表丹诚;兄弟互相助,慈悲无过境;勤读圣贤书,尊师如重亲;礼义勿疏狂,逊让敦睦邻。敬长与怀幼,怜恤孤寡贫;谦恭尚廉洁,绝戒骄傲情;字纸莫乱废,须报五谷恩;作事循天理,博爱惜生灵;处世行八德,修身率祖神;儿孙坚心守,成家种义根。

周敦颐的清白家风

在广西山清水秀的桂林灵川县西北的九屋镇有个叫江头村的地方,这里有数代"爱莲家族"以爱莲宣扬清白的家风,留下了"清白可荣身"的家训。

在村中爱莲家祠的一个角落,摆有一块石碑,石碑上的文字讲述了江头村周氏家族的来历——始祖公就是濂溪公之后裔,曾在此当过地方官,并筑宅于灵川江头洲——江头洲是江头村过去的名字,濂溪公指的是周敦颐。以后周氏家族在此处生根、繁衍。

周敦颐是中国历史上著名的理学家,他的《爱莲说》虽字数不多,但哲理深刻,特别是其中"予独爱莲之出淤泥而不染,濯清涟而不妖"一句,因表达了中国古代知识分子的思想追求而被千古传颂,"爱莲"也因为代表着清白做人的品格而成为一代又一代人的精神追求。直至如今,还有不少人士把这句话作为座右铭,可见其影响之深远。

周敦颐的后人承袭了"爱莲家族"的传统,以"爱莲"宣传"清白"的家风,提炼出了"清白可荣身"的家训,至今仍在乡邻中拥有美名。

在爱莲家祠里,木楼上的装饰处处体现着历代周氏子孙为人处世的思想。在周智华小时候,周氏家族的孩子们都在爱莲家祠念书,祠堂窗棂上的汉字给他留下了深刻的印象。爱莲家祠里几乎所有的窗棂上都镶嵌着字,如繁体的"亲"字,是要让孩子们牢记家族长辈对他们的培养,长大后不忘本。除了"亲"字,窗棂上还镶嵌着"慎言""贤"等文字。"慎言"是教导后辈讲话要慎重,不能信口开河,长大后才能言出必行;而"贤"字是教育后辈要明白事理、心存责任,这样才能成为拥有好名声的贤达之士。

周敦颐对后辈的教育十分看重"人和"的生命智慧。他提倡人与人之间的和谐相处,把个人得失置之度外,淡泊名利,以超脱的态度来对待人生。在社会生活中,既不扼杀自我,也不取消自我的独立性,那究竟怎样才能实现"人和"的理想呢?他教育后辈们要挫去争强好胜、锋芒毕露的锐气,消除不必要的纷争,使自身与他人始终处于一种和谐融洽的气氛之中。而他的这种观点与老子所提出的"挫其锐,解其纷,和其光,同其尘"的主张不谋而合。

周敦颐常以古人之说教育后辈们。例如,《庄子·人间世》中写道:"古之至人,先存诸己而后存诸人。所存于己者未定,何暇至于暴人之所行!"从古人引之于自己,并紧推之后辈们,要他们懂得"至人"即先求得自己日臻充实后方才去扶助别人。如果自己的道德修养无任何建树,又怎能去纠正别人呢?可见,周敦颐尤为强调个人修养的重要性。

周敦颐一生授道入儒,将道家"天和""境和""人和"的和谐生命智慧运用于自己的人生,既找到自己生命的归宿,又求得个体独乐其志的精神自由。这种融汇正义、生存、自由的道家生命智慧,体现了一种积极的人格觉醒意识,也成就了周敦颐平凡而雅致的人生。更重要的是他的理学观念始终渗透在家庭教育中,惠及其子孙,使之世代不受乱政之淆,没有陷于政治旋涡。

周敦颐虽长期在各地做官,但俸禄甚微,即便这样,到九江做官的他还是把自己的全部积蓄用来周济宗族,接待宾友。由于没有什么积蓄,他到晚年甚至贫困到连稀饭都喝不上,却无丝毫悔意。周敦颐平生不聚钱财,不萦于物,爱谈名理,认为"君子以道充为贵,身安为富,故常泰无不足。而铢视轩冕,尘视金玉,其重无加焉尔",在清白廉洁、扶危济困方面为后辈们做出了榜样。在历史上,他是人们所尊崇的安贫乐道之士。

在江头村,聚居着周敦颐的后裔,他们把先祖名篇《爱莲说》的风骨融入族规家规,成为奉行至今的道德标准。自明清以来,村里清官名士辈出。据村志记载,这个仅有100多户、不足千人的小村在历史上竟出过200多名儒学士、100多名官员,在全国实属罕见。江头村因此有了"中国科举仕宦第一村"的美称。

小小的江头村之所以有这样大的名气,这完全要归功于村人重视德教、为人清正的传统。周家人订立的家训,并非为了谋求功名,而是秉承先祖的为人气度和精神追求。

周氏后人为传承祖上的清白家风,还特地在村口建造了一个字厨塔。这个塔既不是用来供奉神灵,也不是用来纪念先人,而是专门为教育后辈学字修建的。在江头村周氏家族看来,从小端正学习态度,长大后才能有一个好的品行,在教育上首先要教会他们敬重"文字"。有了字厨塔,孩子们所有写过字的纸都不能随便丢在地上,必须在专门的日子到字厨塔前焚烧,以此来表示对文字的尊重。这个传统从清代延续至今,成为江头村周氏家族教育后辈学习古人"修身"的一个重要内容。

周氏家族中的长辈在教育后代的时候,会有意识地将"敬重文字"的内容教给他们。周氏后辈周智华而今回忆起昔日长辈们对他的教育,依旧印象很深。他回忆起小时候,有一次他刚要从爷爷掉在地上的写过字的纸上跨过去,就被爷爷严厉阻止了。爱莲家族的后人从小在这种文化氛围中通过学习"敬重"达到"修身"的目的,成人之后,将对文字的"敬重"转化为对自身的约束,让他们受益终身。

字厨塔也存在于旧时宁波大街小巷的转角处。这种焚烧字纸的火炉,又叫"字纸炉"。大人小孩都习惯于把散落无用的写有文字的纸张收集起来放到字纸炉里焚烧,即过去宁波人所说的珍惜字纸。除此之外,社会上还有一些专门在大街小巷拾捡散落在路上的"字纸"的人,他们手执一把竹子做的长柄夹子,背上背一个竹箩,这竹箩是专门盛放从路上捡来的字纸的,盛满后,拿到附近的"字纸炉"里去烧。只可惜这种做法早已消失,甚为遗憾。

□ 邹术红

司马光家族诚、勤、俭的家风故事

你一定听过这样一个故事,故事的大意是:一群小孩子在庭院玩耍,其中一个七八岁的小孩站在一口大缸上面,不小心一滑竟跌进盛满水的大缸中。小孩在水中拼命挣扎,其他小孩子看到后吓得几乎都傻了。只见年龄最小的司马光找来一块大石头,拼尽力气向大水缸砸去,水缸被砸出了一个大洞,水从洞里流了出来,小孩子得救了。此时屋里的大人们都跑了过来,见状都称赞司马光勇敢又聪明。

司马光何许人也?司马光(1019—1086),北宋著名政治家、史学家、散文家,陕州夏县涑水乡(今山西运城安邑镇东北)人,出生在河南省光山县,字君实,号迂叟,世称涑水先生。

司马光成长在一个有良好家风的家庭中,从小受到的教育对他的成长起到了十分重要的作用。

司马光的祖父叫司马炫,做过地方小官。到了司马光的父亲司马池这一代,司马家族已为官数十年,成为当地受人尊敬的大家族。

司马池幼年时,"方严重默,志度渊远",是一个有理想、善思考、少年老成的人。父亲司马炫去世时,司马池年纪尚小,但他把父亲留下的千贯财物毫无保留地交出,供家族使用,自己却专心向学,以求有益于世。这种决断是常人难以做到的。

司马池对母亲非常孝顺。一次,他去京城参加进士考试。临考前,他母亲病故了。他的好友为了不影响他考试,隐瞒了这个噩耗。考试这天司马池觉得心情十分烦躁,心事重重,就向好友倾诉心事。好友不忍心,便如实相告。得知真相后,司马池立即放弃了考试,赶回家中。

司马池任群牧判官时,其长官枢密使曹利用玩弄权术,逢迎谄媚者络绎不绝。但司马池却严谨自守,从不俯仰折节。后来曹利用被构陷致死,有很多人落井下石,然司马池实事求是,替曹说话,显示出其正直、磊落的品质。仕宦三十年,司马池不受钱财,节俭克己,不媚上、不欺下,对人当面鼓励、背后称赞。这些美德对日后司马光的成长产生了潜移默化的作用。

司马光身上许多品质的形成得益于良好家风的熏陶。从其祖父、父亲及至司马光自身所弘扬的家风,归纳起来就是三个字:诚、勤、俭。

一、诚

司马光的诚信品质,是受了其父亲的诚实教育的影响。一次,他与姐姐一起琢磨如何给青核桃去皮,一直不得其法。姐姐有事离开时,司马光看到有个仆人用开水烫了烫核桃皮后就轻易地剥开了核桃。姐姐回来后,司马光谎称是自己发明的方法。不想这件事被窗外的父亲看到了,父亲便训斥他:"你小子怎敢说谎!"司马光受到了严厉的批评,从此不敢再说谎。年长之后,他还把这件事写成文章策励自己。后人对司马光的评述是:司马光一生以至诚为主,以不欺为本。

说到司马光的诚信品质,还有一个司马光卖马的故事。司马光要卖的这匹马毛色纯正漂亮,高大有精神,且性情温顺,只可惜患上了肺病。司马光对管家说:"这匹马得了肺病,一定要告诉买主。"管家笑了笑说:"哪有人像你这样,我们卖马的怎能把马得病的事说给买主听?"但司马光却说:"一匹马能卖多少钱事小,对人不讲真话,坏了做人的名声事大。"

二、勤

司马光在做学问方面是无人能及的。他从小就对历史表现出浓厚的兴趣,七岁就能讲《左传》中的许多故事。但他记诵的本领却不如别人。古人读书是十分讲究记诵的,和他一起上学的孩子都已经把老师规定的一篇文章背完出去玩了,而司马光还得独自留下来反复背诵。久而久之,他找到了一条记诵文章的好办法:"朝诵之,夕思之。"经过长时间的勤奋努力,司马光弥补了自己记诵能力差的缺陷。

《宋史》中说,司马光用功至勤,一生不懈。读书著述常至夜深,只留一个老仆伺候。为了早晨能早起,他还专门请人做了一个圆木硬枕,头睡在上面很不舒服,人们称之为"警枕"。司马光正是凭借这种持之以恒的勤奋,取得了巨大的成就。

三、俭

司马光非常注重家风的传续。他秉持简朴的生活观,并坚持认为,衣足以御寒、食足以充饥就行。他告诫儿子司马康:"吾本寒家,世以清白相承。"司马光认为一个人生活俭朴,就不会受到利益的诱惑,要子侄牢记"以俭立名、以侈自败"的教训。

为让司马家族得以历代传续,司马光在传承祖上"诚""勤""俭"家风的基础上,写了不少有关家风、家训等内容的著作,其中《训俭示康》比较全面地表达了司马光为人处世的观点。他通过这篇文章要求子孙后代永远保持司马家族的优良传统。

司马光的儿子司马康继承了父亲之志，自幼勤奋好学，不仅学识渊博，通晓经史，而且治学严谨，以深厚的史学功底，参与了《资治通鉴》的编撰工作。

一千余年来，司马家族流传下来的"诚""勤""俭"的家风，孕育着一代又一代司马家族后人。对于家风，司马光的第二十六代后人司马杰是这样说的：家风包括家教，这是一笔无形的财富，祖上留下的家风、家训更是一笔无形的资产。

今天，当我们走近司马家族，穿梭于古代和现实之间，重读《训俭示康》，重温千年家训所形成的家风，深感良好的家风于家是风范，于国是脊梁。

□ 董 卿

抗金英雄岳飞的家风故事

在美丽的西子湖畔，有一座岳王庙，庙内大殿两侧的墙边有四尊生铁浇铸的跪像，在做永久的谢罪。这里说的正是抗金英雄岳飞被南宋朝廷以秦桧为首的投降派诬陷，最终以"莫须有"的罪名冤死在风波亭的故事。岳王庙正是人们纪念岳飞的地方。

在河南汤阴菜园镇程岗村村西，有一庭院式古建筑，坐北面南，几进院落，古朴典雅，这是闻名遐迩的抗金英雄岳飞的故居。在故居东隅有一忠魂祠，门上有一楹联"文官不爱钱，武官不惜死"，横批"天下太平"。而这副楹联，正是岳飞治国平天下的至理名言，也是岳飞精忠报国思想的体现。900多年来，岳飞及其后人更是将"不爱钱，不惜死，尽忠报国"作为家训，勤勉践行，代代相传，成为令人称道的良好家风。

岳母刺字传佳话

北宋崇宁二年（1103），岳飞出生在汤阴的一个普通农家。传说岳飞出生时，有一只大鹏鸟从他家的屋顶上飞过。看到此情景的人们感到特别奇怪，并纷纷议论。听到人们议论的岳飞父母左忖右思，决定借这只大鸟的征兆，将儿子取名为"鹏举"。

岳飞还没满月的时候，黄河决口，洪水淹没了整个汤阴县。岳飞母亲抱着小岳飞坐进了一口瓦缸顺水漂流，后经人相救，幸免于难。

岳家世代务农，家境十分贫寒，但岳飞的父亲依然选择让岳飞去念私塾，接受教育。岳飞从小天资聪慧，膂力过人，爱读兵书，如《左氏春秋》《孙武兵法》都是岳飞小时候爱看的书。11岁时，岳飞跟随刀枪手陈广学武艺。由于他爱动脑思考，又能刻苦练习，成为全县无敌的枪手。19岁时，他又拜周侗为师，练就了能挽弓三百斤、左右开弓无虚发的本领。20岁的时候，岳飞首次从军，因战斗时表现出色，不久在军队里当了一个小官。在一场"剿匪"的战斗中，岳飞不仅表现出非凡的军事指挥才能，还带兵亲自活捉了贼首陶俊、贾进和。岳飞因战功官至承信郎。然而，正当岳飞在军中的前途一片光明的时候，这年的十二月，岳飞的父亲岳和病故。按当时的礼节，父母过世，儿子要守孝三年，担任官职的必须离职，在军队里做事的也要离开军队，回家守孝。

岳飞回家守孝的这三年，正值天下大乱，到处都有流民盗匪。当时的康王即后来的高宗赵构官拜相州兵马大元帅，正在招兵买马。眼见母亲渐渐年老，岳飞处在两难之中，不知是从军报效国家好，还是在家奉养老母亲好。岳飞犹豫不定的神色被岳母察觉了。一天，岳母把儿子叫到身边说："我看你这几天心神不定，心里总在想事情，我想，做母亲的决不能影响自己的儿子去做他想做的大事。当前国家混乱，正是大丈夫、好男儿为国家出力的时候，做母亲的知道应该怎样做。"说完便叫岳飞跪下，解开他的上衣，在他背上刺下了"尽忠报国"四个字（后人写成"精忠报国"）。

岳飞牢记母亲的教诲，忍痛别过亲人，投身抗金前线。这之后的十多年时间里，他率领岳家军同金兵进行了大小数百次战斗，所向披靡，最后位至将相。后来宋高宗、秦桧一意求和，以十二道"金牌"下令退兵，岳飞在孤立无援之下被迫班师。在宋金议和过程中，秦桧等人诬陷岳飞，以"莫须有"的谋反罪名将他与儿子岳云及部将张宪一起杀害。宋孝宗时，岳飞的冤案得到平反,被重新安葬于西湖畔的栖霞岭,先后追谥"武穆""忠武"。

千百年过去,"岳母刺字"的故事代代流传。人们称赞说,正因为有岳母这样深明大义的母亲,才成就了岳飞这位文武皆能、忠孝两全的历史英雄。

家中不私藏一钱

在岳飞纪念馆的大殿前,写着这样一副楹联"人生自古谁无死,第一功名不爱钱",横批"乃武乃文"。这是清朝同治年间榜眼何金寿题写的。从字面来看,这副楹联上下联并不对仗,却用得十分巧妙,借前人的诗句道出了岳飞精神的精髓。

岳飞"不爱钱"表现在很多方面,其中以"不藏私钱""自筹军资""生活简朴""不置家产"为人所称道。因为岳飞在抗金战场上屡建奇功,所以经常得到朝廷的赏赐,有时一次就多达数十万贯。但岳飞坚持有赏必匀的原则,"不私藏一钱",将赏赐如数分给将士们,以至被人称为"清贫大将军"。一次战事紧急,军用物资不足,岳飞便将皇帝赏赐给自己的物品变卖,用所得造弓两千张。有部下就说,造军器应用朝廷下拨的官钱。岳飞听后说:"这得上好几道折子才能下拨,既然军队急需,还是自己支付吧!"

岳飞本人生活十分俭朴,平日在家只穿麻布衣服,不着绸缎。他不仅这样要求自己,也这样要求家人。有一回,岳飞偶然间看到妻子李娃穿着缯帛(统称丝绸)的衣裳,就很不高兴地责备了她。从那以后,全家人都不敢再穿用丝绸做的衣服了。岳飞在饮食上也十分节俭。一次家里会餐,岳飞发现饭桌上多了一道红烧鸡,便马上责问厨师。厨师说是你的部下送来的。岳飞听后立即传命下属,以后不许再为他进送佳肴。

岳飞"不爱钱"还体现在"不置私产"上。由于岳飞战功卓著,高宗想在临安给他建造一所大住宅作为奖励。岳飞知道后婉言谢绝,还说:"北虏未灭,臣何以家为?"他的这番话感动了满朝官员。岳飞遇害后,他的全部家产都被没收了。士兵清点时才发现岳飞家中除了朝廷配给他的数条镶玉腰带、部分作战铠甲、武器,只有少量粮食、银钱和几千册书,居然无分文闲钱。

父子上阵"不惜死"

岳飞率领岳家军南征北战,驰骋沙场,尽管时时有生命危险,但他始终表现出"不怕死"的英勇气魄,时刻抱着为国捐躯的信念,亲率部属英勇杀敌,立下了赫赫战功。在收复建康的战役中,岳飞率部在城南牛头山设下埋伏,深夜派百名黑衣战士混入敌营,使金军于梦中互相残杀,又伺机抓捕敌方哨兵;得知敌人北撤意图后,又火速赶往靖安镇,横刀跃马冲入敌军之中,击毙敌军无数,乘胜进驻建康。自此,岳将军善于作战的名声越来越响。

在郾城大捷中,金兀术亲自率部与岳家军对阵,金兵出动重铠骑兵——"铁浮图"作正面进攻,另以号称"拐子马"的骑兵为左右翼配合作战。双方从下午激战到天黑,最终岳家军以少胜多,大败金军。

在战场上,岳飞不仅身先士卒,而且对儿子岳云也毫不照顾,要儿子与将士们一起冲锋陷阵,杀敌报国。岳云奉命驰援颍昌城时,为保城门不破,百姓免遭屠戮,年仅22岁的岳云亲自率领仅有的五百名将士冲入号称有十万金兵的金军阵地,反复冲杀,身受百余处创伤,仍与将士们一起杀得人似血人、马为血马,无一人撤退。时为金兵统帅的金兀术评价岳家军:"撼山易,撼岳家军难!"

在岳飞的传世名作《满江红》中,我们同样能感受到岳飞父子这种不畏强敌、不怕牺牲的赤胆忠心。"三十功名尘与土,八千里路云和月""待从头收拾旧山河,朝天阙",字里行间洋溢着岳飞以身报国、收复中原的雄心壮志。

优良家风代代传

岳母刺字"尽忠报国"后,岳飞以满腔热血和收复山河的壮志投入战争,成为后世楷模。岳飞的后代以先辈的教导为准则，不管面临什么样的困难，保家卫国的决心从未动摇。如岳飞之子岳云大有其父之风，是中国历史上少有的少年将军。岳云从小与父母分离，颠沛流离中目睹了金兵的恶行，宋朝百姓深陷困苦之中。在祖母的教育下，他立下保家卫国的大志。岳云12岁从军，被父亲编入其部将张宪的队伍中，做了一名小兵。16岁时，他在收复襄阳六郡战斗中立下头功。22岁那年，在颍昌大战中，他亲自率领"背嵬军"投入血战，取得大捷，迅速成长为岳家军中一位卓有声望的将领。可叹，23岁时，岳云惨遭秦桧等人陷害，英年早逝，不能不说是一件憾事。

岳飞的三儿子岳霖之子岳珂是南宋著名的文学家和史学家。岳飞冤案得到昭雪后，在当时朝廷编修史书的人多是秦桧党羽的情况下，他顶住压力为岳飞著书立传，积极收集有关岳飞的资料，经过整理加工，完成了《金佗粹编》28卷和《金佗续编》30卷。这两部著作为后人留下了真实的历史资料。

时至今日，岳飞流传下来的家训家风仍然激励着岳家的后人尽忠报国。中国第一位女飞行员岳喜翠少将是岳飞第二十八世后人，她展翅蓝天38年，安全飞行突破6100多小时，航程达300多万公里，出色完成了100多次重大飞行任务，先后获得"全国三八红旗手""功勋飞行员金质奖章"等多项殊荣。1995年2月，她以全票荣登"全国十大女杰"榜首，以不朽的业绩传承了岳家的优良家风。而更多的岳飞后人，尽管从事着平凡的工作，但他们不忘先祖的家训家风，在平凡的岗位上做出不平凡的业绩，以他们的方式为国家、为社会、为人民做着有益的事情。

□ 陈 琦

陆游诗教传家风

陆游（1125—1210），南宋著名诗人，现存诗共有9300余首。在饱经战乱的生活中，陆游写下了大量的爱国主义诗篇。他十分注重家风教育。作为江南世家，陆氏家族一直传承着优秀的家风，祖上就有《修心鉴》存世。陆游在祖辈言传身教的基础上，经过多次修改，写下了一部《放翁家训》，提出了较为完备的陆氏家族行为准则。尤为突出的是，他常常通过诗歌对子女进行家风教育，仅"示儿诗"就有180首之多，这在中国文学史上是独一无二的。

陆游的这些教子诗词，是其一生生活经验的总结，也是一个有高度责任感的父亲对孩子的谆谆教诲。纵观陆游教育子女的诗词，字里行间既洋溢着这位伟大爱国诗人的拳拳报国之心，又饱含着一位慈祥父亲对儿孙们的深情厚意。

一、严于律己，勤于修身

在陆游的育儿诗中，较为突出的是清白家风、严以律己、勤于修身等方面。这些诗篇是诗人一生仕途和人生经验的总结，也是对"孝悌行于家，忠信著于乡"的陆氏家风的诗意表述。他始终如一地用诗歌的形式教育儿孙们,"大抵人情慕其所无,厌其所有,但念此物若我有之,竟亦何用",以此告诫子孙们常能"如是思之,贪求自息"。

陆游告诫外出当官的儿子与侄儿为官要切记清廉:"清若鹤林泉""节若江水清"。儿子陆子龙去吉州(今江西吉安)上任时,陆游在《送子龙赴吉州掾》的诗中叮嘱他要清白自守,做个廉明的好官,"汝为吉州吏,但饮吉州水;一钱亦分明,谁能肆谗毁"。陆游用诗教方式叮嘱儿子始终保持廉洁、洁身自好。

陆游在家训中十分强调读书修身的重要性,"纸上得来终觉浅,绝知此事要躬行"。在陆游看来,实践才能出真知。他还提出陆氏家族的先辈们在这方面的优良传统:"五世业儒书有种""诗书守素业,蝉联二百年"。陆游以祖父陆佃和父亲陆宰为例教育后人。陆游六岁起就受到父亲的启蒙,他深深地感受到父亲对自己的教育给他日后人格、思想、治家等方面的成长带来了极大帮助。为此,陆游常把自己的成就归功于先辈的训导,告诫儿孙们要多读经史,养成宽厚待人、谦恭有礼的品行。他还教诲后辈们"学贵身行道",不仅要读书,更要躬身践行。

在《放翁家训》中,陆游非常重视对子孙的节操、道德修养的教育。他把后辈们的道德修养看作为人在世最重要的一部分。陆游的这种思想也贯穿于他的家训诗中。

绍熙三年(1192),陆游写《示儿》诗时,回忆起淳熙十六年(1189)受诬罢官之事,在信中告诫儿子生活再苦,也要保持自己的节操:

斥逐幪(襟)被归,招唤振衣起。此是鄙夫事,学者那得尔。
前年还东时,指心誓江水。亦知食不足,但有饿而死。

陆游在诗中反复嘱告子孙,不要贪图富贵,要切实传承世世代代流传下来的清白家风,如:"为贫出仕退为农,二百年来世世同。富贵苟求终近祸,汝曹切勿坠家风。"他要子孙们不慕名利,甘于淡泊,达观处世,即"天爵古所尊,荣名勿多占""先须挽取银河水,净洗人间尘雾心"。

陆游78岁那年,奉旨到京编修国史。在寄给两个在外做官的儿子的信中,他回忆起自己一生坎坷的仕途生活,告诫儿子要靠本事做官,不因做官而自我束缚,绝不可成为挖空心思、钻营做官的人,"得官本自轻齐虏,对景宁当似楚囚。识取乃翁行履处,一生任运笑人谋"。

二、耕读传家的生活理想

耕读传家、为仕为农是陆氏家风的重要组成部分,也是陆游的生活理想。他一生几次罢官复官,生活穷困,但回乡后却能安然躬耕田亩,读书教子,虽苦犹乐,这不能不说是对其生活理想的坚持。他在绍熙二年(1191)写的《示儿》诗中,生动地描绘了劳作之余,与儿子们一起读书学习、钻研学问、谈论国家大事时快乐恬淡的田园生活。

舍东已种百本桑,舍西仍筑百步塘。早茶采尽晚茶出,小麦方秀大麦黄。老夫一饱手扪腹,不复举首号苍苍。读书习气扫未尽,灯前简牍纷朱黄。吾儿从旁论治乱,每使老子喜欲狂。不须饮酒径自醉,取书相和声琅琅。人生百病有已时,独有书癖不可医。愿儿力耕足衣食,读书万卷真何益!

陆游一生好学不倦,71岁时为表明活到老、学到老的心志,他将自己的书房取名为"老学庵"。他写自己在大雪纷飞、残灯如豆的夜晚,不顾年老体衰,与书鏖战,教育儿子坚持苦读,不要感叹逢时不遇:"病卧极知趋死近,老勤犹欲与书鏖。小儿可付巾箱业,未用逢人叹不遭。"

陆游的好学精神为儿孙树立了好榜样，他反复教育子孙努力学习，报国恤民。这种勉学劝学诗占了其训子诗的相当部分。他勉励儿子要珍惜时光，勤奋学习，"我今仅守诗书业，汝勿轻捐少壮时""已与儿曹相约定，勿为无益费年光""我老空追悔，儿无弃壮年""何似吾家好儿子，吟哦相伴短檠前"。

陆游在诗中还向儿孙们传授了许多学习方法：一要勤奋，"古人学问无遗力，少壮功夫老始成""六艺江河万古流，吾徒钻仰死方休"。二要踏实，他在《读经示儿子》中教导他们要从基本功抓起，弄通每个字的字形、字义，钻研学问要一丝不苟，他还教导子弟做学问要有追根"穷源"的精神，"文能换骨余无法，学但穷源自不疑"。三要力行，"人人本性初何欠，字字微言要力行""学贵身行道，儒当世守经""纸上得来终觉浅，绝知此事要躬行"。尽管他所讲的力行主要是指儒家的伦理道德，但又强调知识与实践的结合及实践的重要性。四要向生活学习，"汝果欲学诗，功夫在诗外"。五要虚心，他要儿孙像伟大的孔夫子那样，虚心向别人学习，永不自满，"巍巍夫子虽天纵，礼乐官名尽有师"。

三、尽忠爱国的家国情怀

出身于"廉直忠孝，世载令闻"的仕宦之家的陆游，从小就深受忠君爱国思想的熏陶，抗金爱国、恢复中原的思想深深植根于他的心中，这不仅是陆游的毕生信念和为之奋斗不已的人生目标，而且体现在他一以贯之的教育之中。

陆游殷切地期望儿辈们要关心国家大事，念念不忘祖国的统一大业。乾道元年（1165），陆游因大力宣传和支持抗金名将张浚北伐，背负"鼓唱是非，力说张浚用兵"的罪名，被免去隆兴府通判职务。即便受到如此不公的待遇，陆游仍不计个人得失，教育儿子以国家大事为重。这在这一年写的《示儿子》一诗中可以得到体现，诗中化用王羲之在父母墓前自誓的典故，表明自己虽因爱国被黜，但仍时刻准备为国效力，借屈原流放喻自己虽不在位而仍心系国事：

父子扶携返故乡，欣然击壤咏陶唐。
墓前自誓宁非谄，泽畔行吟未免狂。
雨润北窗看洗竹，霜清南陌课剥桑。
秋毫何者非君赐，回首修门敢遽忘。

陆游教子爱国诗中最令人赞叹的，是他去世前一年冬天写的最后一首诗，这首诗也成了他的遗嘱：

死去元知万事空，但悲不见九州同。
王师北定中原日，家祭无忘告乃翁。

这首响遏行云、气壮山河的《示儿》诗，在我国几乎妇孺皆知，不仅激励着陆游的儿孙们为国尽忠，也激励着一代代中华儿女为捍卫祖国独立尊严浴血奋战。

陆游以诗歌的形式进行家风教育，对子孙后代起到了巨大作用。其后人不论为民为官，都做到了忧国忧民、正直忠贞。他的两个儿子均是有名的清官；孙子陆元廷，为抗敌奔走呼号，积劳成疾而死；曾孙陆传义，与敌人势不两立，崖山兵败后绝食而亡；玄孙陆天骐在战斗中宁死不屈，投海自尽。满门忠烈，一家义士，便是对陆游的最大告慰。

马廷鸾"四留"家训教化后世

在中国古代,许多有成就的读书人,他们作为一家或一族之长,为着修身齐家治国平天下的美好理想,往往会以文字形式提出种种劝谕或警诫,以规范家庭、家族成员尤其是子孙后代的言行,这种规范后代言行的文字就叫家训或庭训、家规。古代家训形式多样,有散文体、诗歌体、条规体等。而采用格言形式的《"四留"家训》则别具一格,作者是南宋末年度宗年间任右丞相兼枢密使的名臣马廷鸾。

马廷鸾出生于南宋末年,自幼丧父,家境贫寒,却勤学苦读。当时他的哥哥马严甫也是满腹经纶,兄弟二人一起参加乡试,结果都榜上有名。但马严甫舍弃了进阶入仕的机会,留在家中开办私塾,赡养母亲。马廷鸾则不负家人的期望,一举中举,获得会试第一。为官之后,他始终廉洁奉公。

南宋理宗年间,担任右丞相的丁大全网罗党羽,把持朝政。文武百官大多忌惮他的淫威,马廷鸾却不惧强权,收集了丁大全的种种劣行,准备向皇帝参奏。然而他的举动激怒了丁大全一伙,他们编织罪名,诬告马廷鸾。但丁大全的这次弹劾不仅没有得逞,还让马廷鸾在百姓中赢得了很好的口碑,从此名震天下。没过几年,劣迹斑斑的丁大全被罢了职,而马廷鸾受到朝廷重用,官至右丞相。

南宋末年,风雨飘摇的宋朝廷朝局不稳,官场积弊难返,马廷鸾眼见自

己一人孤掌难鸣、无力回天,便决定不与奸佞共朝堂,毅然决然地辞官,回到了故乡众埠。为了让乡亲父老得以休养生息、读书明理,他拿出自己的全部积蓄,在当地兴水利、办义学,并把一生所得归纳为四句家训,写入族谱,以教化后代子孙,这便是后人一直称道的《"四留"家训》:

留有余不尽之巧以还造化,
留有余不尽之禄以还朝廷,
留有余不尽之财以还百姓,
留有余不尽之福以还子孙。

这短短的四句话,将个人、家庭与造化、朝廷、百姓、子孙紧紧联系在一起,即保家的同时不忘天地自然、国家民族、人民群众、子孙后代。这四句话的出发点是"留",落脚点是"还","还"可理解为"善待"或"报效"或"回报"或"毋忘"的含义。"四留""四还"的核心在于正确对待"巧"(向大自然索取之技巧、技能、能力)、"禄"(物质财产)、"财"(金银浮财、钱币俸禄)、"福"(物质精神综合指数),而这也是世人皆企盼、向往的四大欲望。从正确处理这四大欲望与"造化"(天地自然)、"朝廷"(国家民族)、"百姓"(人民群众)、"子孙"(后代)的关系的角度,我们可以从以下四个方面去理解和诠释《"四留"家训》:

第一,要善待天地自然,勿任意使尽索取自然资源之巧,以去巧取豪夺。
第二,要报效国家民族,勿肆意耗尽社会物质财产之禄,以致骄奢淫逸。
第三,要回报人民大众,勿恣意榨取百姓血汗膏脂之财,以行横征暴敛。
第四,要毋忘子孙后代,勿刻意求尽子孙自强自励之福,以使损志增过。

马廷鸾所处的社会,是距今七八百年的封建社会,他作为一位身处士大夫阶层的封建社会的官吏,难免有其所处阶层的历史局限性。然而马廷鸾的《"四留"家训》所表达的思想、观点,无论在当时还是在现今都有着深远意义。

首先,"留有余不尽之巧以还造化"强调的是毋忘自然,不正与今天所倡导的人与自然和谐相处、建设生态文明有着异曲同工之妙吗?处在当时的马廷鸾是不可能站在今天的科学发展观高度来谈可持续发展、生态文明的。他所主张的珍惜大自然的恩赐,不要凭人类自身之"巧"向大自然过分索取的思想,正是他对人类与大自然之关系的高瞻远瞩之处。

其次,"留有余不尽之禄以还朝廷"强调的是不忘国家,这种想法与今天所讲的社会主义核心价值观、爱国主义精神有一定的内在联系。在封建社会"朕即国家"、皇权至上的大环境下,封建官吏有忠君思想是必然的,在他们心中,朝廷不仅指皇上,更重要的是指国家社稷。马廷鸾作为一位朝廷重臣,其所具有的忠义爱国之心同样可理解为爱国之举。

再次,"留有余不尽之财以还百姓"强调的是不忘百姓,这不正与当今所坚持的为人民服务的宗旨、以人为本的思想相通吗?马廷鸾这种"还百姓之财"的思想,以及他为官恤民的情怀,从历史唯物主义角度来看,也可以为当今从政者提供历史借鉴。

最后,"留有余不尽之福以还子孙"说的是不忘子孙后代,这与当今人们重视教育下一代是同一个议题。福荫子孙是中华民族自古以来一个重要话题。众多圣贤之士在教育下一代这个问题上,更偏重于"精神"方面。古人有言:"人遗子,金满籯,我教子,惟一经。"马廷鸾在教育子孙的问题上,正是这样一位贤者。

马廷鸾的《"四留"家训》在当时产生了积极影响。他的儿子马端临正是秉承其父亲的教诲为人、理家、处世、治学的。说到马廷鸾与马端临父子,还有一段舍小家顾大义的故事。

元朝初年,朝廷派人前往众埠马家邀请才华横溢的马端临赴京任职。南宋灭亡后,马端临心系故国,始终坚守着民族气节,不愿为元朝廷效力,没想到朝廷却步步紧逼。万般无奈之下,父子二人商定谎称马廷鸾去世,马端临以守孝三年为由拒绝为官。慈父尚在,却披麻戴孝,在中国古代,这被视作对长者的大不敬;谎称守孝,实则抗旨,这是欺君之罪,一旦查实,要处满门抄斩。马家父子明知其中利害,却不顾后果,舍小家的太平保全心中的大义,为后世留下了一段佳话。从那以后,马端临一生隐于故土,在家乡教授孩童读书,同时潜心研究历代史志。他耗尽毕生精力编纂了历史巨著《文献通考》348卷。这是继《通典》《通志》之后,中国历史上规模最大的一部记述历代典章制度的著作,为后世子孙留下了一笔宝贵的精神财富。

岁月流逝,过往的故事成为历史,但古老的文化却得以世代相传。1930年,方志敏、周建屏等革命先辈在众埠镇界首村创建了中国工农红军第十军,古镇百姓纷纷报名参军,支援革命。这一年,年仅20岁的马氏后代马荷香加入了红十军,以巾帼不让须眉之姿投身到战斗中。

一年之后,马荷香不幸被捕。敌人对她严刑拷打,逼迫她叛变革命,但她始终没有屈服。气急败坏的敌人朝她开了16枪,直至牺牲马荷香也没有投降。在第二次国内革命战争时期,有名可查的众埠籍烈士就有900多人,他们中的许多人甚至连一张照片都没有留下,但他们却把不尽之福留给了子孙后代,为今天的人们谋得了一个太平盛世。

往事回首,马廷鸾的《"四留"家训》不仅培育了子孙后代修身齐家治国平天下的高尚情操,也激励后世经世济民,踊跃参加革命。

□ 冯 燕

王阳明的家风家训

王守仁（1472—1529），字伯安，别号阳明，世称阳明先生，故又称王阳明，浙江余姚人，是明代著名的哲学家、思想家，追求立德、立功、立言"三不朽"。王阳明一生为官清廉，治学严谨，家风纯正，姚江王氏后人谨记祖训，绵延至今。

王阳明12岁时，正式入私塾读书。13岁时，母亲郑氏去世，幼年失恃，这对他打击很大。但他志存高远，心思不同于常人。一次与私塾先生讨论何为天下最要紧的事，他的回答不同凡俗，认为"科举并非第一要紧事"，天下最要紧的事是读书，做一个圣贤之人。

王阳明为官清廉，在庐陵当过半年多的知县，真心实意地为当地百姓办了几件深得人心的好事，受到百姓爱戴。嘉靖七年十一月二十九日（1529年1月9日），王阳明在广西平定内乱后于归途中经江西南安青龙铺时去世。入殓后，士兵们抬着棺木继续北上。路过南赣时，一路的百姓挡着棺船、拦着棺木痛哭。王阳明在百姓心中早已竖起一块丰碑。

王阳明的一生是践行儒家思想、为国尽忠的一生。无论是被贬谪蛮荒之地还是身处戎马倥偬之时，他总是以国事为重，以尽忠为先，以尽孝为念，并且谆谆教育弟子要立志勤学，以圣贤自期，以修身养性、致良知为人生根本，而不以读书做官、谋取功名利禄为人生目标。

良知教育是王阳明家训的核心内容，他主张"蒙以养正"，把勤读书、早立志、学做人、做好人作为家庭教育的重中之重。由于长期在西南边疆为官、征战,家书成了王阳明开展家庭教育的主要媒介。在他写给兄弟、子女以及晚辈们的书信中,字里行间洋溢着他对整个家族的谆谆教诲和殷切希望。其中被称为王阳明家规的"三字经"《示宪儿》堪称经典。整篇家书为歌谣体式,三字一句,共三十二句,九十六字:

幼儿曹,听教诲:勤读书,要孝悌;学谦恭,循礼义;节饮食,戒游戏;毋说谎,毋贪利;毋任情,毋斗气;毋责人,但自治。能下人,是有志;能容人,是大器。凡做人,在心地;心地好,是良士;心地恶,是凶类。譬树果,心是蒂;蒂若坏,果必坠。吾教汝,全在是。汝谛听,勿轻弃。

大致意思是:

孩子们啊,要听从教诲:要勤奋地读书,要孝顺父母;要学习谦恭待人,一切按照礼仪行事;节俭饮食,少玩游戏;不要说谎,不要贪图利益;不要任情耍性,不要与人斗气;不要责备别人,要管住自己;能够放低自己的身段,这是有志气的表现;能够容纳别人,这才是度量大的人。凡是做人,主要在于心地的好坏:心地好,才是善良之人;心地恶劣,是凶狠之人。譬如树上结的果子,果子的中心是蒂;如果蒂先败坏了,果子必然会坠落。我现在教诲你们的全部在这里了。你们应该好好听从,千万不要轻易放弃。

全文句句押韵,字字珠玑,读来朗朗上口。王阳明的训子理念成为这个家族安身立命的旨要与规范。从王阳明有关的书信来看,他的家风家训理念集中体现为九个方面。

1. 毋说谎,毋贪利

不要说谎,不要贪利;不要任性,不要与人斗气;不要责备别人,管住自己的言行;能够放低自己身段,这些都是有志气的表现;能够容纳别人,这才是大度的人；做人，主要在于心地的好坏；心地好，才是善良之人；心地恶劣，是凶恶之人。

任情恣性，放任自己，不受拘束，于自身修养极为不利。《增广贤文》中说："学如逆水行舟，不进则退；心似平原走马，易放难收。"这正是告诉我们任情恣性的危害。

2. 义理养心，经专为学

勿谓隐微可欺而有放心，勿谓聪明可恃而有怠志；

养心莫善于义理，为学莫要于精专；

毋为习俗所移，毋为物诱所引；

求古圣贤而师法之，切莫以斯言为迂阔也。

——《与徐仲仁》

不要以为在别人看不到的地方可以自欺欺人、放纵自己，不要以为可以依仗聪明而放松意志。最好的养心之法就是研习经典中的义理，最重要的求学之道就是精专。不要被流俗左右，不要被财物引诱。师法古圣贤，不要以为这很迂阔。

经典中的义理不仅是千古大智慧，更是我们养心、养生最好的方便法门。康熙皇帝在教育子女时就曾说过："养生之道，全在五经。"

3. 做人先立志

夫学，莫先于立志。志之不立，犹不种其根而徒事培壅灌溉，劳苦无成矣。

夫志，气之帅也，人之命也，木之根也，水之源也。源不浚则流息，根不植则木枯，命不续则人死，志不立则气昏。是以君子之学，无时无处而不以立志为事。

——《示弟立志说》

这段文字的意思是：立志向比学习更重要。不确立志向，好比栽树不栽培它的根而徒劳地对树木培土浇灌，劳苦却不会成功。

志向，就如气的统帅，人的性命，树的根本，水的源头。水源不疏通，川流就会停息；树根不稳，树木就会枯萎；性命不延续人就会死；人不立定志向就会气质昏浊。所以君子做学问，无时无刻不以立志作为要务。志向好比三军主帅，没有主帅的军队，就成乌合之众。

4. 一念改过，即得本心

本心之明，皎如白日，无有有过而不自知者，但患不能改耳。一念改过，当时即得本心。

——《寄诸弟》

大意是，本心就像白日那样光亮，遵循自己的本心，一定能察觉到自己的错误，只是怕自己不能改正。错误和掩盖错误的想法，会遮蔽我们的本心，但只要我们下决心改正错误，马上就会重新找到本心。

5. 勤读书，致良知

汝在家中，凡宜从戒谕而行。读书执礼，日进高明，乃吾之望。

吾平生讲学，只是"致良知"三字。仁，人心也；良知之诚爱恻怛处，便是仁，无诚爱恻怛之心，亦无良知可致矣。汝于此处，宜加猛省。

——《寄正宪男手墨二卷》

上述文字翻译成现代汉语是：你在家里，一切应该遵从训诫来行事。勤读诗书，执守礼制，一天比一天进步，这是我对你的期望。

我平生讲学，就"致良知"三个字。仁，指的就是人心。良知而引发诚意、真爱、悲痛、忧伤，这就是仁；没有诚意、真爱、悲痛、忧伤之心的人是达不到良知的。你在这一方面,应该好好地省悟。

王阳明提出"致良知"的心学宗旨后,无论是对门人弟子,还是对家人子弟,皆谆谆教之以"致良知"。这个良知,便是孔孟之"仁"、程朱之天理。"致良知",既是阳明学派的门风,也是王阳明一家的家风。

6. 以仁礼存心,以孝悌为本

尔辈须以仁礼存心,以孝弟为本,以圣贤自期,务在光前裕后,斯可矣。

——《赣州书示四侄正思等》

王阳明在此信中特别指出,子孙后代必须时刻牢记仁礼,把孝悌作为做人的根本,把做圣贤作为对自己的期望,为前人争光,为后人造福。

仁礼孝悌是儒家思想的核心,也是我们中国人最鲜明的文化秉性。王阳明的心学是对儒学的大发展,必然建立在这些千古不灭的理论上。

7. 恶是习气,善是本心

夫恶念者,习气也;善念者,本性也;本性为习气所汩者,由于志之不立也。故凡学者为习所移,气所胜,则惟务痛惩其志。

——《与克彰太叔》

恶念,是后天的习气;善念,是先天之本性;本性会被习气扰乱,那是因为没有立定志向。因此凡是做学问的,如果内心因不良习惯而改变,或被不良风气所占据,就应该好好地反省,并端正自己的志向。

人心从根本上说是向善的,所谓的恶念恶行都是后天熏习的结果。根据王阳明的心学,世界上没有十恶不赦的人,只要照见自己的本心,善念必然驱逐恶心。教育子女,最重要的是让他们立志向善,远离那些恶习的熏染。

王阳明说,人孰无过,改之为贵。本心就是良知,致良知,就是重新发现我们的本心。王阳明为我们提供了一条通往内心良知的大道：一念改过，当时即得本心。

8. 学谦恭，去骄傲

今人病痛，大段只是傲。千罪百恶，皆从傲上来。傲则自高自是，不肯屈下人。"傲"之反为"谦"。"谦"字便是对症之药。非但是外貌卑逊，须是中心恭敬，撙节退让，常见自己不是，真能虚己受人。

——《书正宪扇》

"傲"的反义词是"谦"。"谦"便是去除"傲"的药。不仅容貌举止要表现出谦虚恭谨，内心也必须保持恭敬、节制、礼让，要常常看到自己的不足，且能够虚心接受他人意见。

9. 慎交游

昔人云："脱去凡近，以游高明。"此言良足以警，小子识之！

——《赣州书示四侄正思等》

损者三友，益者三友。和损友结交，久而久之自己也会沾染这些人的坏毛病而不自知；和益友结交，自然而然会学到他们身上的长处。

王阳明要我们看清楚自己周围的人，如果他们是一些"损友"，我们就该"脱去凡近，以游高明"，不要受周围人的影响，而要和高明的人交游。

王氏后人秉承王阳明的家规理念，形成了以"三字十二条"为代表的姚江王氏族箴，成为这个家族安身立命的旨要与规范。除此之外，王阳明还把家规理念运用于社会教育，以其家规理念和毕其一生的心学研究为基础，向王学弟子们和西南边疆百姓广授教育树人之道，倡导文明礼仪乡风，被后人誉为"百世之师"。

范钦的藏书家规

宁波城内月湖之畔,有一家以藏书闻名于世的天一阁,它是一座家族图书馆。430多年的时间里,范钦和他的十二代继承人克服了种种困难,使天一阁在经历变幻莫测的自然变化和巨大的社会变迁之后依旧保持原来的样子,几万册藏书完好地保留到今天。天一阁是当今世界著名的四大私人图书馆之一,也是亚洲现存最古老的图书馆,在国内外有着广泛而深远的影响。

那么,天一阁藏书为什么几经劫难、饱历沧桑,仍能保留至今呢?这不仅要归功于天一阁第一代主人范钦,也要归功于范钦制订的严格藏书家规。

范钦是明嘉靖十一年(1532)的进士,历任工部员外郎,后来在鄂、赣、豫、桂、闽、粤、陕、滇等地做过州、府和省一级的行政长官或军事长官。在任副都御史巡按闽、赣、粤所辖各州郡时,他率领部下英勇抗击过倭寇,抗倭名将俞大猷当时还是他的部下。嘉靖三十九年(1560),范钦被升为兵部右侍郎,不久因官场倾轧辞官回到宁波。

范钦一生喜好读书、聚书、藏书。他在多地当过官,每到一地都留心收集、广泛购抄,罗致海内奇书,喜好收集说经诸书及前人没有传世的诗文集,尤其喜好收集当时各地的地方志和地方文献。因此,在他的藏书中,明代的地方志、政书、实录、诗文集特别多。范钦不仅竭尽全力收藏图书,而且勤于

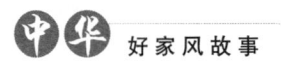

研读校勘,"手自题笺,精细详审,并记其所得之岁月",最终聚藏了大量高质量的图书。

范钦从嘉靖初开始收藏图书,经史百家兼收并蓄,至谢世前藏书已达七万多卷。藏书处原名"东明草堂",范钦辞官归里后,于宅东月湖深处新建房子作为藏书之所。历来藏书最大的忧患莫过于火灾,他依据《易经》注释中"天一生水,地六成之"之说,设计了书楼的建筑格局:以楼上为一大统间,楼下分隔六间,象征"天一地六",取以水制火之义,命阁为"天一"。阁前开凿一水池,贮水以防火。书楼与住宅不相毗连,形成防护隔离地带,还采取"书中夹芸草,橱下放英石"(芸草可以防蚊虫;相传英石为产于广东英德的一种石灰岩,可以用来吸潮气)等措施来保护书籍。为保护所藏之书,范钦制订了严厉的家规:"代不分书,书不出阁。"正是这条家规保证了其后代能把所藏之书保护好。

范钦患病后一直未愈,他把家产分成两份:一份是七万多卷藏书,一份是万两白银。他立下遗嘱,继承者只能选取其一,不能平均分配。他的长子范大冲自愿继承所有藏书,次媳陆氏也欣然接受白银万两(次子范大潜已在范钦亡故前三个月逝世)。与白银可转为物质享用不同,继承藏书意味着世代要为保管好这些藏书承担巨大的责任,而且还要不断投入资金来保护藏书。这种独特的遗产分割方式,既反映了范钦对于藏好书的良苦用心,也是对继承者的严峻考验。范大冲能体察父辈心意,放弃万金家财,继承全部藏书,避免了藏书被瓜分的命运。他不负众望,遵循"代不分书,书不出阁"、书籍由子孙共同管理的遗训,还拨出一部分良田,以田租充作藏书楼维修及藏书保管的所有费用。

范钦谢世后,范氏后人继承先人遗志,在遵循父辈所订家训的基础上,又制订了许多严格的家规,保证藏书措施得到具体落实,其细则责罚分明:

烟酒切忌登楼;

子孙无故开门入阁者,罚不与祭三次;

私领亲友入阁及擅开书橱者,罚不与祭一年;

擅将藏书借出外房及他姓者,罚不与祭三年;

因而典押事故者,除追惩外,永行摈逐,不得与祭。

据清人谢堃的《春草堂集》记载:嘉庆年间,宁波知府丘铁卿的内侄女钱绣芸酷爱诗书,听说天一阁有数万卷藏书,欣喜之余,为求得登阁读书的机会,托丘太守为媒,嫁与范氏后裔范邦柱为妻。婚后钱绣芸向范秀才提出登阁看书的要求,范秀才为难地说:"范家有'书不出阁、女不上楼'的家规,你想登阁看书,这是万万办不到的事啊!"钱绣芸听后如雷击顶,竟含恨郁郁而死。这个故事说明了范氏后人遵守制度之严,几乎到了不近人情的地步。但范氏家族正因此保住了藏书。

范氏后人遵家训而藏书,虽然有种种家规保证所藏免于散佚,但当国家有需要时,范氏后人就十分慷慨。清乾隆三十八年(1773),清政府决定纂修《四库全书》,范氏后人范懋柱进呈六百三十八种珍贵古籍,其中有九十六种被收录在《四库全书》中,对《四库全书》的编成做出了很大贡献。为此,乾隆皇帝于乾隆三十九年(1774)六月二十四日谕令:"浙江宁波府范懋柱家所进之书最多,因加恩赏赐《古今图书集成》一部,以示嘉奖。"这部铜活字印本共一万卷,不仅十分珍贵,其政治影响也无法估量。

范钦及历代后人为保护天一阁图书所立的家规,虽然十分严厉,但遇上著名文人学者因学术研究而有需求时,非但不闭馆辞客,反而为他们登楼阅书提供方便。天一阁是一个人文荟萃之地,许多文人学士曾会集于此,其中有知名学者黄宗羲、李邺嗣、万斯同、沈一贯、徐乾学、全祖望、袁枚、薛福成等。而围绕天一阁编写书目、诗文、楹联、题跋的文人学士更是众多,由此可见天一阁藏书为促进学术交流所做的贡献。

综观古今中外藏书家的兴亡史,藏书的散失无非四大原因:其一是政治动乱,战祸降临。如清末八国联军火烧圆明园,使中华文物精华毁灭无存。又如甬上藏书家烟屿楼主人徐时栋所藏的五万余卷书在太平军攻破宁波城后,不是被火烧掉,就是被抢掠无所剩。多次战乱未能危及天一阁,真是老天有眼,降大幸于范氏也。其二是水火无情。烟屿楼所藏之书被损毁之后,徐时栋又在城西建城西草堂,一年后又藏得古籍四万余卷。因不小心失火,所有藏书又毁于一旦。城中著名藏书楼抱经楼,也因失火导致大部分所藏之书被毁。而范钦严订"烟酒不得登楼"的家规,从根本上杜绝了火患,保证了天一阁藏书久久不散之伟业。其三是盗贼偷窃。如民国初年,盗贼薛继渭摸准了天一阁内部管理的漏洞,夜入阁中偷盗了阁中不少珍本、善本。其四是子孙不孝,分家产或守业不妥,导致人去书亡。甬上著名藏书楼抱经楼的衰落,除社会原因及卢氏家族不善管理外,不肖子孙监守自盗也是主要原因。当时在上海书市上,屡见被盗窃的抱经楼所藏的珍本、善本。民国末年,抱经楼所藏已散失无剩,徒留空楼名匾一帧。

回顾范氏家族四百多年的藏书保护和利用历史,"代不分书,书不出阁"等家规使天一阁大部分藏书留存至今。它不仅在中国古代文化遗产的保存史上有着重要的地位,而且对四明学人的学风颇有影响。它在推动学术发展、铸冶治学风气、促进学风兴盛等方面都起到了积极和不可忽视的作用。

永传千古的《朱子家训》

《朱子家训》又名《朱子治家格言》《朱柏庐治家格言》，是以家庭道德为主题的启蒙教材。

《朱子家训》的作者朱柏庐，又名朱用纯，字致一，号柏庐，其父亲朱集璜是明末的学者。朱柏庐自幼致力于读书，曾考取秀才，立志于仕途。明朝灭亡后，他回到家乡从事教学工作，后潜心研究程朱理学，提倡知行合一，一时极负盛名，跟从他学习的人有很多。为了方便学生学习，他用工整的楷书手抄教材，达几十本之多。朱柏庐为人诚孝方正，父亲在抵御清军入侵昆山时战死，他昼夜恸哭、痛不欲生。后来，康熙皇帝多次征召他，他都坚拒不往。朱柏庐临终时嘱告弟子"学问在性命，事业在忠孝"，向学生传达了中国士大夫所追求的忠君思想，享年71岁。

《朱子家训》围绕治家展开，涉及安全、卫生、勤俭、有备、读书、教育、体恤、谦和、交友、自省、向善、积德、安分等诸方面的问题，目的是希望大家成为一个光明正大、知书明理、生活严谨、宽容善良、有崇高理想的人，这也是中国优秀传统文化的一贯追求。如果每个人都能切实依《朱子家训》中所说的那样去做，不仅能成为一个有高尚情操的人，更能构建美满的家庭，进而构建和谐社会。

正如《朱子家训》中所说："黎明即起，洒扫庭除，要内外整洁。即昏便息,关锁门户,必亲自检点……"从中不难看出,古人是十分讲究从细节上来培养良好的生活习惯的,良好的生活习惯有利于下一代的健康成长。古人说:"一屋不扫,何以扫天下。"如果连家中扫地这么点小事情都做不好,长大后又怎么能成为为社会、为国家服务的人呢?这里既强调养成良好生活习惯是保证你成长为人的前提,还强调了这是一项应承担的职责。扫地之事虽小,却是职责,为国家做事大,也是职责,所以从小培养责任心,长大后才有可能为国家做大事。《朱子家训》几乎通篇是以这样的经典语句来强调生活习惯需从细节处培养的道理。

又如,中华民族长久以来就认识到节约是美德,但这种美德应该怎样培养呢?朱子的回答是从"一粥一饭,当思来处不易;半丝半缕,恒念物力维艰"做起。这些教诲,几百年来影响深远。

朱子家训不仅在语言表达上朗朗上口、通俗易懂,而且内容寓意深刻。"宜未雨而绸缪,毋临渴而掘井"就是其中的精彩之笔。

"宜未雨而绸缪,毋临渴而掘井"说的是趁天没下雨,先修缮房屋门窗。绸缪原是缠缚的意思,在此意为修补。关于这个词,还有一个出自《诗经·豳风·鸱鸮》的典故,其诗云:"迨天之未阴雨,彻彼桑土,绸缪牖户。"鸱鸮,属猫头鹰一类的鸟。牖表示窗,户指门,牖户在这里是指窝巢。该诗句的意思是:鸱鸮在未下雨的时候,就会啄剥桑树的皮用来修补窝巢。后来"未雨绸缪"就用来比喻事先做好准备工作,预防意外的发生。这两句话反映了中国人做什么事都强调事先准备的远虑观念。孔子说:"人无远虑,必有近忧。"《黄帝内经》中写道:"圣人不治已病治未病,不治已乱治未乱。"意思是说人应在未病前注意预防,而不是病得很严重了才去治疗;圣人在天下未乱之前就治理好天下了,而不是等到天下乱了再去治理。《中庸·二十》中也写道:"凡事豫则立,不豫则废。言前定则不跲,事前定则不困,行前定则不疚,道前定则不穷。"意思是凡事只要预先做好准备就会成功,否则就会失败。说话前想定就不会不通畅，做事前想定就不会遭受困顿，行动前想定就不会悔疚，道路提前选定就不会陷入绝境。上面所讲的都是"未雨绸缪"的意思，齐家是这样，治国也是如此。

《朱子家训》十分强调勤俭节约，其中写道："自奉必须俭约，宴客切勿流连。"这句话的意思是自己的一切所需必须节约，宴请客人不要留恋。中华文化追求有节制的中和之美，既不讲纵欲，也不讲禁欲，而讲"发乎情止于礼"的节制。节制从哪里开始？从个人的生活开始。儒家文化并不否定人的欲望，认为人的基本物质需求是应得到满足的，但不能放纵。人的欲望一旦被放纵，自私、贪婪、罪恶、骄奢淫逸就会随之而来，直至成为物质的奴隶，甚至成为失却良心的魔鬼。中华传统文化一再告诫人们，不要贪图物质的享受，应注重精神境界的提高。人的精神境界提高了，不管外界条件怎样变化，他的本性都不会变。如孔子最喜欢的学生颜回，住在陋巷里，吃着粗茶淡饭，人们都说他生活得太苦了，但他依然保持快乐的精神状态。孔子对颜回的评价是非常高的："贤哉，回也！一箪食，一瓢饮，在陋巷。人不堪其忧，回也不改其乐。贤哉，回也！"

朱子讲俭约，虽只有区区12个字，其中的故事却有许许多多，其内涵是十分深刻的，需要人们好好去探究、领悟。

当今，有不少喜好追求物质享受的年轻人，他们追名牌、讲享受，什么都要"高大上"，甚至为追求物质的欲望常常失去做人的根本。这种追求是要不得的。朱子在《朱子家训》中强调，即使富裕了，仍要讲俭约。

"器具质而洁，瓦缶胜金玉；饮食约而精，园蔬愈珍馐。"

这句话具体讲的是俭约。为什么器具要质朴呢？中国传统文化历来强调自然质朴的美为美的最高境界，富丽堂皇、镂金雕玉固然美，却是美中的下品。所以朱子强调家庭中的器具应当质朴干净，即便是瓦罐也胜过贵重器物。饮食应当量少而精当，这样蔬菜也胜过珍贵的食物。这样的要求尤其值得当代人好好地去思考。

"勿营华屋，勿谋良田。"

古代人积累财富的方式就是买地建房。一般人发财致富了，首先就是买地造房，一来自己享受，二来炫耀于乡里。依朱子看来，良田华屋这些财富实际都是捆绑人的无形枷锁，财富越多，枷锁就越重，烦恼也就越多。按现代国家法律来讲，国家不准私人买卖土地，想买田当地主的自然没有了，但是"营华屋"者大有人在。朱子对当时的人，尤其是家人提出这样的警告是十分及时和有必要的。而这对过度追逐物质生活的当代人来说，也是有深刻教育意义的。

综观《朱氏家训》，短短五百余字，其核心就是以"俭节"为第一要事。"俭节"二字也是中国古代许多圣人名贤一直强调的为人之本。如汉高祖刘邦的《手敕太子》、诸葛亮的《诫子书》、嵇康的《家诫》、颜之推的《颜氏家训》、唐太宗的《戒宗室》、范仲淹的《与子侄书》、欧阳修的《诫子侄书》、曾国藩的《教子书》，如此种种，不可尽说，始终把"俭节"当作人生的重要态度和价值观来强调。所以《朱子家训》更宜于父母和子女一起来读。父母读了，会知道怎样管理家庭，怎样在家庭生活的小事中教育子女；子女读了，会知道怎样做人，怎样在具体生活中要求自己，长大后也会知道怎样来管理自己的生活和家庭。

□ 王文伟

"六尺巷"与张氏家族的清白传家

一纸来书只为墙,让他三尺又何妨。

长城万里今犹在,不见当年秦始皇。

这是一首曾经传唱甚盛、名叫《六尺巷》的歌曲。歌词写的是一封家书解决邻里矛盾的故事。这则故事说的是清康熙年间,张英在朝廷当文华殿大学士、礼部尚书时,老家安徽桐城的家人与吴家争宅基地而产生了矛盾。张家与吴家为邻,两家府邸之间有块空地,供双方交通来往使用。后来,邻居吴家建房要占用这个通道,张家不同意,双方将官司打到县衙门。小小县官老爷见这两家都是官位显赫的名门望族,不敢轻易了断。

这时,张家人写了一封信给当时在京城当大官的张英,希望他出面干涉这件事。张英收到信后,认为家人应该谦让邻居,便在回信中写了四句话:

千里来书只为墙,让他三尺又何妨。

万里长城今犹在,不见当年秦始皇。

张家人看完信,心领神会,就主动让出三尺空地。吴家见张家让出了三尺地,深为感动,也主动让出了三尺房基地,这就是至今尚存于桐城的一条长百余米、宽仅六尺的巷子,这条巷被称作"六尺巷"。而两家的礼让之举也成为流传不息的美谈。

在发挥礼序家规、乡规民约的教化作用方面,张英被视为张氏家族的"范本"。"读书者不贱,守田者不饥,积德者不倾,择交者不败"是桐城张氏家族传承至今的家训。

据张氏族谱记载,张氏家族"源自豫章。洪武至永乐年间,一迁鸠兹,再迁桐城"。张英为桐城张氏家族的九世祖。

六世祖张淳,是张氏家族中有明确文字记载的较早走上仕途之人。张淳,字希古,号琴怀,明隆庆二年(1568)进士,曾任浙江永康知县、建宁知府,官至陕西临巩道参政。善断案,清冤狱,其"计擒卢十八""临行补盗"等事迹被载入《明史·循吏列传》。

自张淳后,至九世祖张英、十世祖张廷玉这两代时,张氏家族不仅在官阶品级上达到了桐城历史上的最高峰,在更重要的修身之道和为官之德上也名留青史。

张英虽官居高位,但生活俭朴,史载他除官服外,日常生活中要求自己"誓不着缎,不食人参",不饮酒、不观剧,对于当时官场流行的请客吃酒和请戏子"唱堂会"一概不予参与。好与茗茶、山水为乐。

张英在其所著的《聪训斋语》中写道:"余昔在龙眠,苦于无客为伴,日则步屐于空潭碧涧长松茂竹之侧,夕则掩关读苏、陆诗,以二鼓为度,烧烛焚香,煮茶延两君子于坐,与之相对,如见其容貌须眉然。"其嗜茶之深可见一斑。又说道他虽好茶,"终日不离瓯碗",但告诫自己"为宜节约耳",节约的方法之一就是多饮家乡土茶。

谈及山水之乐时,张英说:"山色朝暮之变,无如春深秋晚。四月则有新绿,其浅深浓淡,早晚便不同。九月则有红叶,其赭黄茜紫,或映朝阳,或回夕照,或当风而吟,或带霜而殷,皆可谓佳胜之极。其他则烟岚雨岫,云峰霞岭，变幻顷刻，孰谓看山有厌倦时耶？放翁诗云：'游山如读书，浅深在所得。'故同一登临，视其人之识解学问，以为高下苦乐，不可得而强也。"将山水看作友人，视为知己，可谓深得游山之味。张英的品茶、游山之举折射出他向善的品性和清白为官为人之风。

张英之子张廷玉的为官往事也备受同僚和后辈称道。张廷玉（1672—1755），字衡臣，号研斋、砚斋，桐城人，累官至保和殿大学士、吏部尚书、军机大臣、太保，封三等伯，为三朝元老。康熙三十九年（1700）中进士，雍正元年（1723）升礼部尚书，次年转户部尚书、翰林院掌院学士、国史馆总裁、太子太保。雍正四年（1726），晋文澜阁大学士、户部尚书、翰林院掌院学士。雍正六年（1728），转保和殿大学士兼吏部尚书。雍正七年（1729），加少保衔。乾隆二十年（1755）去世，配享太庙，赐祭葬，谥文和。张廷玉入仕五十载，步步迁升，除了办事能力强，更主要的原因是为官清廉。

李鸿章曾这样论及张廷玉："桐城张文和公以硕学巨材，历事三朝，为国宗臣，而中更世宗皇帝御政一十三年，辅相德业冠绝百僚，至于配食大烝颁诸遗诏。盖千古明良遭际所未有，论者谓汉之萧张、唐之房杜，得君抑云专矣，视公犹其末焉。"

对于廉政之道，张廷玉在其所著的《澄怀园语》中写道："为官第一要廉，养廉之道，莫如能忍……人能拼命强忍，不受非分之财，则于为官之道，思过半矣！"张廷玉不仅如是要求自己，也以此要求儿孙。

张廷玉的儿子张若霭，少年早慧，书画修养非常高，深得乾隆喜爱，经常出入内府帮乾隆鉴定字画。一次，张廷玉在一位官员家中看到一幅名人山水画，珍贵异常，回家后把这个讯息告诉张若霭。张廷玉的言下之意是难得见到这样珍贵的古画，希望儿子也去鉴赏鉴赏。不料没过几天，这幅画却挂在自家厅堂里了。张廷玉看到此画后，忍不住拉下脸来，责骂张若霭"我无介溪之才，汝乃有东楼之好矣"。介溪为明朝丞相严嵩的号，其子严世蕃号东楼,严嵩一家为明朝著名的贪腐之家。听到父亲的责怪后,张若霭立即把这幅名画归还原主。

张氏家族一直传承着祖辈的礼让之风。张廷玉的儿子张若霭曾高中探花,但当时张廷玉在朝中身任高官,为了避嫌,张廷玉便把这探花之位"让"了出去。那是雍正年间,张若霭在殿试中博得一甲第三名,但张廷玉以张氏子弟恩隆过盛为由拒绝,两次请求雍正皇帝将探花之誉"让于天下寒士"。雍正力挽不成,只得将张若霭由一甲第三名降为二甲第一名。

张廷玉一生淡泊名利,不为物欲所困。他认为,"人生之乐,莫如自适其适。以我室中所有之物而我用之,是我用物也;若必购致拣择而后用之,是我为物所用也。我为物所用,其苦如何"。

张廷玉不仅在朝为官清廉,而且在家为夫有德,与其妻姚氏感情甚好,相携同进。姚氏为张廷玉同乡长辈姚文然之女。姚文然曾官至刑部尚书,生前很喜欢聪敏的张廷玉,便将女儿加以许配。张廷玉夫妻相守11年,感情笃坚。当时长兄张廷瓒为官京师,桐城家事全由姚氏料理,迎娶三位弟媳、一位侄媳妇,均由姚氏一手操办,可谓绝好的贤内助。只是姚氏一直未有生育,常常感到郁闷不乐,屡劝张廷玉另置妾室,均被张廷玉拒绝。

张廷玉中进士前一年,姚氏病亡,生前感叹说:"君非常人,将来何可量?惜逮予身仅见此耳。"张廷玉听后"心酸肠断,双泪欲枯",回忆生平,写下了悼亡诗20首。其中有云:"自怨自怜还自悼,如醒如梦复如痴。家人相劝无多哭,浑未思予不哭时。"

三年后,张廷玉陪同父母南归,抵家次日痛哭于姚氏殡所,作诗4首,有"视膳惟余心最苦,不堪回忆作羹人"之句。雍正十一年(1733)冬,张廷玉奉旨回乡祭父,又酹酒于姚氏殡所,撰诗:"昨向妆楼检遗墨,班昭犹有未残篇""重将不尽安仁泪,寄与鸡鸣戒旦人"。

古稀之年的张廷玉为姚氏作传时痛惜地说:"如果夫人今日健在,也已七十余岁之人。五十年来,朝廷给予的诰赠荣誉,夫人只能在泉下荣光,却让我抱憾终生。"十一年相守,五十载相思,张廷玉对其妻之坚贞可见一斑。

贵为父子双宰相(张英、张廷玉),一门三世得谥(张英、张廷玉、张若溎)、六代翰林(张英、张廷玉、张若霭、张曾敞、张元宰、张聪贤)的张家,簪缨世族,贵胄满朝,却始终清白传家。这与张氏家族长期以来高洁致远、严于律己的言传身教密不可分。正如后人所谓:"张家的人品如茶品,唯有清清白白,方能福泽绵长。"

曾国藩家族的十六字家训

曾国藩是清代的一位著名政治家、战略家、理学家、文学家,也是湘军的创立者和统帅,与李鸿章、左宗棠、张之洞并称"晚清四大名臣",官至两江总督、直隶总督、武英殿大学士,封一等毅勇侯,死后谥"文正"。

曾国藩出生在湖南农村,他从小就有超强毅力,苦读诗书,走上仕途。在战乱突起、山崩地裂之际,他回乡办团练,成为清政府的中流砥柱。他有过狼狈不堪、屡战屡败的草创阶段,却始终坚毅执着、百折不挠,终以文人身份成就军功,马上封侯。他深谙为官之道,修身律己,以德求官,在清王朝达到了汉人官员所能达到的巅峰。

曾国藩在历史上是一个有争议的人物,但其对子女的教育却给后人提供了很多可借鉴的地方。勤奋、俭朴、求学、务实的家训家风,一直为曾家后人所传承。曾国藩留下的"家俭则兴,人勤则健;能勤能俭,永不贫贱"十六字被曾家后人当作治家的箴言。

"以俭持家"一直是曾国藩治家的要点。他要求家人生活俭朴,远离奢华。在曾国藩心中,奢靡、奢华是居家之大忌。奢华过度的家庭,定有日趋衰败的家道。穷家要守俭,是因奢不起;富家要戒奢,因为最容易奢。俗话说,由俭入奢易,由奢入俭难,一旦养成奢侈的习惯,再改就没那么容易了。因此,曾国藩对子女的教育,特别重视他们勤劳俭朴的习惯的养成,而他自己率先垂范。他因在京城见到世家子弟一味奢侈腐化、挥霍无度,就不让子女来京居住。他要求原配夫人带领子女住在乡下老家,且门外不许挂"相府""侯府"的匾。曾国藩要求"以廉率属,以俭持家,誓不以军中一钱寄家用",夫人在家手无余钱,只好亲自下厨,亲自纺纱织布,日子过得相当清贫。

除了"俭",曾国藩对子女的另一个要求是"勤"。他对"勤"的要求是从不睡懒觉开始的。说到不睡懒觉,得从他的祖父辈说起。

曾国藩的祖父曾星冈是闻名村里村外的一个"浪子",他爱好声色,性情懒惰,是一个爱睡懒觉的浮薄浪儿。每天太阳晒到肚皮,他还在呼呼大睡。族里的长辈们都说他是曾家的败家子。

谁知,就这么一句话彻底刺醒了这个浪子之心。曾星冈从此悔过自新,改掉了睡懒觉的恶习,"终身未明而起",开山垦荒,凿石决壤,连通成片十数畛,成为立家基业。他还总结了"八诀"的治家口诀——"书蔬鱼猪,早扫考宝"。

"书蔬鱼猪"说的是读书、种菜、养鱼、喂猪,为居家之事;"早扫考宝"说的是起早、打扫洁净、诚修祭祀、善待亲族邻里,为治家之法。

到了曾国藩这一代,他也把"八诀"当作自己修身养性、锻炼意志的诫言之一,而且躬身践行,从不马虎。

在祖父"八诀"家训的基础上,他又扩充了"八本"家训:

> 读古书以训诂为本,
>
> 作诗文以声调为本,
>
> 事亲以得欢心为本,
>
> 养生以少恼怒为本,
>
> 立身以不妄语为本,
>
> 居家以不晏起为本,
>
> 居官以不要钱为本,

行军以不扰民为本。

在《曾文正公家书》中,就早起这件事,曾国藩对家人有颇多的叮咛。

在给四弟曾国潢的家书中,曾国藩说:"前述祖父之德,以书、蔬、鱼、猪、早、扫、考、宝八字教弟,若不能尽行,但能行一早字,则家中子弟有所取法,是厚望也。"又说:"欲去惰字,总以不晏起为第一义。"在他写给儿子曾纪泽的信中,也不厌其烦地询问:"尔在家常能起早?诸妹起早否?"

曾国藩对自身的反省极为苛刻,曾因为恋床、晚起,在一则日记中骂自己是禽兽:"醒早,沾恋,明知大恶,而姑蹈之,平旦之气安在?真禽兽矣!"

有意思的是,早起这一点甚至影响了晚清另一名臣李鸿章。1859 年,李鸿章来投靠曾国藩,在湘军军营中当了一名幕僚。那时的李鸿章年轻任性,爱睡懒觉,而曾国藩给湘军定下一条死规则:天未明就得吃罢早饭,有仗打仗,无仗操练。曾国藩本人也跟士兵一样,每天天未亮时,与幕僚一起吃早饭,一边吃一边聊天。李鸿章连睡三天懒觉后,第四天曾国藩发飙了,当面训诫李鸿章:既到我这里来,就要遵守我们的规则。最后还说:"此间所尚的,唯一诚字而已!"说完,看也不看李鸿章一眼,拂袖而去。李鸿章惊坐原地,羞愧难言,从此把睡懒觉的病给治好了。

对子女的教育,曾国藩也强调"勤"字。曾国藩有一个好习惯,他常常用书信来教育子女,并持之以恒。他也在信中为他们批改诗文,探讨学业和生活中的种种问题。他写信给长子曾纪泽,要他每天起床后,衣服要穿戴整齐,先向伯、叔问安,再把所有房子都打扫一遍,最后坐下来读书,每天要他练 1000 个字。

曾国藩还敦促家人每日坚持学习,并多次为家人拟订严格的学习计划:"吾家男子于看、读、写、作四字,缺一不可。女子于衣、食、粗(工)、细(工)四字,缺一不可。"

在长年累月的读书治学中,曾国藩积累了一套颇具个人特色的读书心得和方法。曾氏常通过书信给家人、门生、部下列出书单。这些书单大多以经、史为主。他给儿子曾纪泽的家书中说:"余于《四书》《五经》之外,最好《史记》《汉书》《庄子》《韩文》四种,好之十余年。"除此之外,更多的是曾氏读书方法。

曾国藩读书讲究专一。他认为,"读经有一耐字诀:一句不通,不看下句;今日不通,明日再读;今年不精,明年再读"。读子部、集部,"但当读一人之专集,不当东翻西阅""一集未读完,断断不换他集"。假如博览群书,看似读了很多,但没有读深读透,效果反而不好。所以曾国藩反复告诫,"功课无一定呆法,但须专耳"。

读书怎样才算读透了呢？曾纪泽也有这样的困扰。他读《四书》时,对于书上所讲的,常常觉得似乎明白了,但仔细想来却没有什么心得,于是向父亲请教其中之原因。曾国藩就给他开了八字药方:"虚心涵泳,切己体察。"这八个字原是朱熹教人读书的方法,对此曾国藩做了自己的阐释。

"虚心"好理解,即不存成见,虚怀若谷。"涵泳"二字,涵者,如春雨之润花,如清渠之溉稻,"雨之润花,过小则难透,过大则离披,适中则涵濡而滋液；清渠之溉稻,过小则枯槁,过多则伤涝,适中则涵养而浡兴。泳者,如鱼之游水,如人之濯足……善读书者,须视书如水,而视此心如花如稻,如鱼如濯足,则涵泳二字,庶可得之于意言之表"。

曾国藩认为,人在书中"游",书在人中"润",此即"涵泳"之大概。善于读书之人,必须把书看作水,而把自己的心灵看作花,看作稻。读书时不能一时读得太多,难以消化,又不能止步不前,了无所得。读书应该仔细体味,把握好读书的感觉和度,让书浸润心灵,这样自身心情也会变得愉悦。

曾国藩不但对子女的教育严格,而且对自己也是这样。曾国藩终身自奉寒素,过着清寒的生活。他对儿子曾纪泽说:"余服官二十年,不敢稍染官宦气习,饮食起居,尚守寒素家风,极俭也可,略丰也可,太丰则吾不敢也。"

他每餐仅一菜，除非有客人来，才增加一荤。成为大学士后仍然如此。曾国藩在生活上的俭朴在当时一直被传为佳话，一件青褂一穿就是三十年，鞋袜都由夫人制作（上朝时的衣服除外）。同治年间，曾国藩出将入相，且年近垂暮，却依然在"俭"字上针砭自己。他日理万机，自晨至晚，勤奋工作，主要公文均自批自拟，很少假手他人。即使中年后的他受尽癣疾折磨，依旧如此。同治九年初，曾国藩肝病渐重，右目失明，左眼仅视微光，四月又患眩晕之症，添胃寒之痛，如此病痛，他仍坚持不懈工作，给子女树立了很好的榜样。

曾国藩教育子女的十六字家训，为曾氏家族营造了一个好家风。曾国藩家族在延续的过程中不断创造传奇。两百多年来，曾氏后裔中有成就的多达200余人，大多成为学术、科技、文化等领域的精英。古人云："君子之泽，五世而斩。"俗语也有"富不过三代"的说法。然而，曾氏家族绵延十代，堪称中国家族史上的奇观。其中的奥秘，不得不归功于曾氏严格治家的家训和良好家风。

一门三院士,满庭皆才俊
——梁启超的育儿家风

梁启超(1873—1929),字卓如,号任公,又号饮冰室主人,光绪年间举人。梁启超是著名的学者,著作宏富,有《饮冰室合集》。他的《少年中国说》一文在青少年中一直有着不竭的感召力。

梁启超一家是文化界的传奇家庭,在梁启超的教育下,九个子女个个都是他们所从事的领域中的专家。在中国科学界乃至全世界都流传着"一门三院士"的佳话。这三位院士就是建筑学家梁思成、考古学家梁思永、火箭控制系统专家梁思礼。另外,四儿子梁思达是经济学家,次女梁思庄是图书馆学家,三女梁思懿是社会活动家。

孩子的成长成才与家庭环境有莫大的关系,梁启超不仅继承了中华传统文化重"义理"和"名节"的家风,而且把西方文化中的"自由"与"平等"观念融入家庭教育之中。从学术气氛深厚的家风,到父母亲的耳提面命,梁氏一家"满门俊彦"可谓水到渠成。

梁启超在教育子女的过程中,以全面发展为准则,积极鼓励孩子们亲自动手,辛苦钻研,坚持要求孩子们在学习、钻研方面都要做到理论与实践相结合,学习气氛十分浓厚。家,既是孩子们快乐成长的天地,也是给孩子们解答困惑的地方。

梁启超充沛的父爱也无私地惠及女婿、儿媳。他称赞大女婿周希哲"是

天地间堂堂的一个人"。在写给梁思成、林徽因的信中,他表达了对他们婚姻的喜悦:"我以素来偏爱女孩之人,今又添上了一位法律上的女儿,其可爱与我原有的女儿们相等,真是我全生涯中极愉快的一件事。"

不看重文凭,强调理解,主张"乐而学",是梁启超的教育观。对于子女的教育,梁启超绝不敢有所怠慢、节省和亏欠。为让子女得到更为丰富、全面的教育,梁启超可谓用心良苦。

为了让随父母在日本生活的长女梁思顺能接受良好的中华传统教育,梁启超亲自在家教女儿读书,还改建实验室帮助女儿学习。为了让二儿子在考古学上有所进益,梁启超亲自为其联系并自费参加著名考古学家李济和瑞典考古学家斯文·赫定的考古发掘。为了帮助梁思成了解西洋美术及建筑,他专门筹集五千美金,让毕业新婚的梁思成、林徽因取道欧洲回国,度蜜月兼考察。并且这番张罗是在梁启超去世的前一年,当时他身患肾病,时常便血,极为痛苦,且家境已不富裕。

年纪稍大的孩子出国留学后,梁启超因忙于政事,觉得自己对年纪较小的孩子教育不足,便专门聘请谢国桢为家教,为孩子补习国学、史学,丝毫不放松。

无论是治学还是生活,梁启超都主张趣味和乐观,鼓励子女分出时间来培养一两样爱好,增添生活的趣味,而不是只执着于单调的学问研究。他不看重文凭,而强调打好基础,掌握好"火候"。勉励子女要"莫问收获,但问耕耘"。在指点孩子做学问上,他强调学习要"求理解""不强记",劳逸结合,"多游戏运动",尤其注重心性的养成,"总要常常保持着元气淋漓的气象,才有前途事业之可言"。事实上,相对学业,梁启超更关心孩子们的身体。

梁启超对子女的教育并非千篇一律,而是根据子女的个性特点采取不同的教育方法。他对子女的教育态度虽然外表严厉,但内心却柔软。对子女的爱,首先在于培养他们拥有顽强的人格。

次女思庄初到加拿大留学时,学习英文有些困难,一次考试得了全班第十六名,为此极不痛快。梁启超知道后写信鼓励她:"庄庄成绩如此,我很满足了。因为你原是提高一年,和那按级递升的洋孩子们竞争,能在三十七人考到第十六,真亏你了。好乖乖,不必着急,只需用相当的努力便好了。"后来,思庄经过努力,成绩一跃成为班里的前几名,顺利升入了大学。梁启超高兴之余,特意写信嘱咐:"庄庄今年考试,纵使不及格,也不要紧,千万别着急。因为他本勉强进大学,实际上是特别提高了一年,功课赶不上,也是应该的。你们弟兄姊妹个个都能勤学向上,我对于你们的功课绝不责备,却是因为赶课太过,闹出病来,倒令我不放心了。"可见,梁启超对于孩子的爱出于父亲的本能,希望他们独立,勇敢面对生活中的种种苦难与曲折。

对子女的人生选择,梁启超是在尊重平等的基础上进行引导的。在梁启超给予子女的父爱里,只有子女没有自己。他对孩子的帮扶劝导是以对方的终身幸福为出发点,认为学业成就远不如心性、志趣、健康和幸福重要。

从支持维新到赞成革命,他积极从政,潜心治学,一生追求真理,不停改弦更张。在政治上,他或许不算成功,但他的谦逊、敏锐、自省和坦诚的性格却让他成为一个与子女无代沟的好父亲。对子女的个人选择和发展意愿,梁启超基于平等、尊重的立场,谆谆劝诱,从不让子女以自己的理念判断为圭臬。每个孩子的特点他都会用心揣摩,因材施教,对他们的前途做出周到的考虑和安排,并会反复征求孩子的意见,直到他们满意为止。

梁启超认为在埋头苦学的同时,不能狭隘,要看得更广更远,还要将趣味融于生活。次女思庄留学于加拿大著名的麦吉尔大学。在选择具体专业时,梁启超考虑到现代生物学在当时的中国还是空白,希望她学习这门专业,思庄遵从了父亲的意愿。但在学习中,生物学无法引起思庄的学习兴趣,她十分苦恼,向大哥思成诉说。梁启超知道后,心中大悔,深为自己的引导不安,赶紧写信给思庄。思庄遂改学图书馆学,最终成为我国著名的图书馆学家。

生活中梁启超最爱给子女们写信。梁启超一生留给子女最宝贵的财富，大概是他写给孩子们的 400 多封家书。前后共持续 15 年，少则每年几封，多则几十封，总计百余万字，占他著作总量的十分之一。信的内容有的只是寥寥十几字，仅为报平安，或交代家事，或与子女谈心聊天，事无巨细。他的写信时间有时在凌晨两三点钟，有时在清晨起床后，只要稍有时间，梁启超就爱跟孩子们"唠叨"上几句。

在信中他称呼长女思顺"大宝贝""宝贝思顺"，即便当时这位长女已经三十几岁，是三个孩子的母亲了。最小的儿子梁思礼的小名是"老 baby"，梁启超常在信中叫他"老白鼻"，还给三女思懿起外号"司马懿"。

每一封信都透露着梁启超浓浓的爱意，情之深、爱之切，即便几十年后的今天读来，仍能被其强大的磁力所吸引、所感动。

信中的梁启超是一位再普通不过的父亲，像是一位幽默的顽童。有时，他甚至还会向女儿撒点小娇。回忆父亲，梁思礼曾说："父亲伟大的人格、博大坦诚的心胸、趣味主义的信仰和乐观的精神，以及对新事物的敏感性和严谨的治学态度，都是我们取之不尽、用之不竭的精神源泉。""他一生写给我们的信有几百封。这是我们兄弟姐妹的一笔巨大财富，也是给社会的一笔巨大财富。"

叶圣陶的朴实家风

叶圣陶（1894—1988），原名叶绍钧，字秉臣，江苏苏州人，著名作家、教育家、编辑家、文学出版家和社会活动家。他曾主编《小说月报》，代表作有童话集《稻草人》、短篇小说《潘先生在难中》等，对中国现代文学史有较大贡献。在许多读者心目中，叶圣陶是一位优秀的儿童文学作家和教育家。

现代著名作家朱自清先生曾经这样评价叶圣陶一家："圣陶兄是我的老朋友。我佩服他和夫人能够让至善兄弟三人长成在爱的氛围里，却不沉溺在爱的氛围里。他们不但看见自己一家，还看见别的种种人；所以虽然年轻，已经多少认识了社会的大处和人生的深处，而又没有那玩世不恭的满不在乎的习气。"字里行间洋溢着朱自清对叶圣陶先生的教育理念的推崇和钦佩之情。

叶圣陶育有两子一女，在他的教育下，他们都成为国家建设的栋梁之材。长子叶至善是中国少年儿童出版社第一任社长兼总编辑，曾任中国青年出版社副社长；女儿叶至美以美的心灵和卓越才华成为中国国际广播电台元老级人物；次子叶至诚任大型文学刊物《雨花》的主编。在几个子女当中，长子叶至善尤有其父风度。曾经担任叶圣陶秘书的姚兀真说，叶至善从小深受父亲的影响，但凡读者的来信，他都会认真回复，态度谦卑而认真，甚至说话语气活脱父亲一般。

　　叶至善生前好友朱正认为叶至善不仅是一个编辑专家，也是一位传统的知识分子，这从他的专著《我是编辑》可以看出。像他这样一个亲历了中国出版风云的知名出版人却以这样朴素的四个字作为他代表作的书名，足见他的谦虚和勤恳。他的著作风格几乎与他父亲一模一样。

　　叶至善读小学时曾因学习成绩不好留级三回。后来，经过自己的努力考取了一所以学风严格、学生成绩优异而闻名的省立中学。他在这所学校读了一年，因为有四门功课不及格要留级。刚进这么好的学校就要留级，至善非常难过，面对成绩单，他忍不住哭了起来。叶至善的母亲很关注孩子的学习成绩，看到挂着那么多"红灯笼"的成绩单，不免唠唠叨叨，说孩子不争气、没出息。而父亲叶圣陶却从来不说什么。

　　叶圣陶不太注重孩子的考试成绩。他认为一门功课学得好不好，得看是否能把所学的知识全部消化了。能力的好差不能单凭考试成绩衡量。叶圣陶了解自己的儿子，知道至善最不愿意死记硬背，特别是国文和英文，而考试时又要求默写整段甚至整篇课文，这样当然会不及格了。从平时和儿子的对话中，他能感受到儿子的语言表达能力并不弱，知识面也不窄。因此，面对孩子的成绩单，他并没有责备，只是说："不要哭，也不要有思想包袱，还是再换个学校吧。"在父亲的安排下，至善进了一所私立中学。这所学校和省立中学完全不同，进了这所学校以后，叶至善的学习态度有了明显的转变，对学习感兴趣了，也不用在做作业上花多少工夫，因而有足够的时间读课外书籍，还可腾出时间唱歌、吹口琴。孩子的兴趣范围变广了，作为父亲的叶圣陶很高兴，鼓励孩子说："这很好，以后还要多读没有文字的书。"何谓没有文字的书？叶圣陶解释，所谓"没有文字的书"就是通过观察、实践、思考向社会和自然学习知识和技能。有用的知识不仅存在于课堂上或教科书中，还存在于社会生活中。叶圣陶喜欢看各种不同内容的书，并把这些书放在书架上，孩子们可以在书架上随便拿这些书，只要他们愿意看就行。他经常向至善提出一些问题,让他回答,借以锻炼他的表达能力。对于孩子学习这个问题,叶圣陶始终认为"成绩不是最重要,兴趣才是孩子最好的老师"。

叶至善从12岁开始就跟着父亲学习写作。20世纪40年代,至善兄妹三人对写作都非常感兴趣。吃罢晚饭,收拾过碗筷,将植物油灯移到桌子中央,父亲戴起老花眼镜,坐下来改孩子们的文章。三个孩子各据桌子的一边,眼睛盯住父亲手里的笔尖儿,你一句,我一句,互相挑错。每当父亲提出作文中犯下的可笑的谬误,孩子们就尽情地笑了起来。每改罢一段,父亲会朗读一遍,看语气是否顺适。孩子们的原稿如同从乡间采回来的野花,是蓬蓬松松的一大把,经过父亲梳理修剪,才慢慢像个样子。叶至善说到小时候父亲是怎样教他作文时,用了"不教"这样的字眼。原来,他们的父亲从不教授他们写作方法,只要求子女每天要读一些书,至于读点什么,悉听尊便。但是读了什么书,读懂点什么,都要告诉他。除此之外,父亲还要他们每天写点东西,至于写什么也不加任何限制,喜欢写什么就写什么:花草虫鱼,路径山峦;放风筝,斗蟋蟀;听人唱戏,看人相骂……均可收于笔下。

叶圣陶在子女成长的过程中是不教中有教,其高明之处在于顺其自然,因势利导,启发培养孩子的兴趣和自觉性,让孩子自觉成长,自觉成才,而不是强制、苛求。

不教中有教,集中体现了叶圣陶先生的教育思想,而这种教育思想体现在他为孩子们精心修改文章中。叶至善在兄妹合集《花萼》的自序中,描写过父子四人一起修改文章的情景:"父亲先不说应该怎么改,让我们一起来说。你也想,我也想,父亲也想,一会儿提出了好几种不同的改法。经过掂量比较,选择最好的一种,然后修改定稿……"叶至善兄妹三人一起跟父亲学写作,仿佛在进行一场竞赛,每个人都暗自憋着劲要超过其他人,多"吃"父亲的红圈。这是一种多好的学习氛围,有指导,有点拨,有热烈讨论,有激烈竞赛。叶至善兄妹三人长大后个个成才,这都得益于叶圣陶先生的"不教"。

叶至善在回忆当时的情境时说:"与其说是看父亲改,不如说是商量着共同改。父亲边看我们的习作边问:'这儿多了些什么?这儿少了些什么?能不能换一个比较恰当的词儿?把词的位置移一下,或是把句式改变一下,是不是好些?'遇到他看不明白的地方,便会问我们是怎么想的。"父子围桌而坐,一起修改文章,这是一个多么令人羡慕的教子情景啊。难怪著名学者宋云杉先生会感慨地说:"我们试闭目想想,这是一个何等美满的家庭。在这种家庭环境中,学习写作,进步一定是很快的,除非是天生钝质。所以我常常对自己的子女说:'小墨(叶至善小名)他们是幸福的。'"孩子们的文章发表多了,有人就建议叶家兄妹不妨合起来出个集子。经父亲审阅剔去若干篇后,题名《花萼》。书名蕴含着叶圣陶先生的良苦用心:花萼,也作华萼。棠棣树之花,萼蒡两相依,有保护花瓣的作用。古人常用"花萼"比喻兄弟友爱。叶先生的书名,亦采此意。

永不自满是叶圣陶家的家风,为此他为自己的书斋取名为"未厌居"。1928年,叶圣陶出版了一部短篇小说集《未厌集》,他在小说集自序中说:"厌,厌足也。作小说虽不定是甚胜甚盛的事,也总得作像个样儿。自家一篇一篇地作,作罢重复看过,往往不像个样儿。因此未能厌足。"他在文坛上连创数个第一:与朱自清、俞平伯创办了第一个诗刊《诗》,出版了我国第一本童话集《稻草人》,创作了我国现代文学史上最早的长篇小说《倪焕之》等,但他仍将自己的散文集题名为《未厌居习作》,将自己的书斋命名为"未厌居"。叶圣陶经常以自己的"未厌"精神教育子女,教他们不要满足现状,要永远攀登高峰。当至善他们出版了《花萼》后,原打算一年出一本合集,但见他们的文章"愈写愈少,写成的又很难让自己满意",叶圣陶没有批评他们写得少了,而是对他们说:"想写得好些,正是你们进步的动力,时常不满意自己所写的,也证明你们确实有些进步了。"鼓励他们在写作上要"未能厌足",继续前进。至善他们经过不懈的努力,时隔两年后推出了《三叶》。

叶圣陶先生重视儿女的教育,也关心儿女个人的事。首先是给他们以极大的自主权;一旦涉及儿女和他人之间的事,则一定要管。他反复告诫儿女们,使他们懂得:我是生活在人们中间的,在我以外,更有他人,要时时处处为他人着想。譬如,他让儿子递给他一支笔,儿子随手递过去,不想把笔头递到了父亲手里。父亲就对儿子说:"递给人家一样东西时,要想着人家方不方便接过去。你把笔头递过去,人家还要把它掉转过来,倘若没有笔帽,还会弄得人家一手墨水。刀剪一类物品更是这样,决不可以拿刀口刀尖对着人家。"又如,冬天,儿子走出屋子没把门带上,父亲就在背后说:"怕是尾巴夹着了吗?"次数一多,父亲只需喊"尾巴,尾巴",儿女们便能领会。就这样,孩子们渐渐养成进出随手关门的习惯。叶圣陶还告诫儿女们开关房门时,要考虑到屋里还有别人,不可以"砰"的一声把门推开或关上,要轻轻地开,轻轻地关。抗战时期,叶圣陶先生写了一篇《两种习惯养成不得》,文章分析了"不养成什么习惯"和"养成妨害他人的习惯"的危害性,指出"谁要立足在今后的世界上,谁就得深切记住,不要养成妨害他人的习惯"。为别人着想是他为人的一条重要守则,即使在一些细小的地方也这么做。以写文章为例,叶先生认为交到印刷厂排的稿子最先是让排字工人看的,应当为排字工人着想。哪些字是容易混淆的,哪些地方是容易疏忽的,尽可能协助排字工人避免差错。所以他自己写的稿子字迹清楚,标点醒目,格式分明。对儿女们写作时的要求也是这样,要是稿子上改动过多就得重新抄过。

尽管在家庭教育这个问题上,各家有各家的做派,但叶圣陶先生对待家庭、对待儿女教育的做法不是能给我们很好的启发吗?

朱自清家族的无形家风

"曲曲折折的荷塘上面，弥望的是田田的叶子。叶子出水很高，像亭亭的舞女的裙……"大凡了解中国现代文学史的，都知道这是著名文学家朱自清对月色下的荷塘的精彩描写。人们还可以从《背影》《扬州的夏日》等著名的散文中，领略这位学者型散文大家提供给广大读者的享受不尽的美。其实，从朱自清的一生看来，他不仅是一位文学大师、大学教授，也是一位深具悲悯情怀的学者，一位时刻关心国家命运的民主战士和杰出的爱国主义者。他的身上折射出了中国知识分子淡泊名利的特性。

要说朱自清家族究竟有什么家训，形成了怎样的家风，就从朱自清的这个规模不大的家族说起吧。

有人说，朱家在扬州是"名门望族"，其实不是。朱自清的父亲、祖父曾当过芝麻小官，说到底朱家不过是个小康家庭。朱自清的祖父曾经当过十几年的小官吏，深知官场的黑暗和险恶，他希望儿女们远离官场，饱读诗书，学有所成。朱自清的父亲承继了他父亲的做派，希望儿女们能一身正气，学有专长，做一个实实在在的人。这种观点在他给孩子的名字中得到了很好的印证，如三个儿子的名字分别是朱自华、朱物华和朱国华。尤其是朱自清的原名，是借用了苏东坡"腹有诗书气自华"诗句中的"自华"两字。那么，朱自清为何把名字"自华"改了呢？这就得从朱自清的经历说起。

朱自清从小学习努力，聪慧绝顶。他读起书来，可以整天足不出户，吃饭也要别人提醒。在扬州中学念书时，他就把经史子集中的基本典籍读了个遍。朱自清不负众望，终于考上了北京大学。随着年龄的增长，他觉得光读书是不够的，还要学会做人，便将"自华"改为"自清"，意在勉励自己做一个清正之人。他不但在读书上严于律己，在生活中也是这样约束自己。他经常在文章和日记中进行自我反省，从中寻找不足，养成了自我审视、自我约束、自我鞭策的良好习惯。朱自清一生中给后人留下的点点滴滴，形成了"荷花一样的清新家风"，像一泓清澈的溪流，滋养着朱家的后人。

由于家庭变故，朱家家道中落。中落到什么程度呢？《背影》里写有几句话："祖母死了，父亲的差使也交卸了，正是祸不单行的日子……回家变卖典质，父亲还了亏空，又借钱办了丧事。"这是朱自清考大学时家里的境况。这样的生活境遇，使得朱自清对穷苦人的生活深有体会。他对下层劳动人民充满了同情，这种感情贯穿于他的一生。比如，1923年，他在温州教书，目睹一个仅有几岁的小女孩被卖掉，居然只卖了几毛钱。他把这段经历写在散文《生命的价格——七毛钱》里。他在文中悲叹道："她的悲剧是终生的。"后来，朱自清到清华大学任教，他与学校里的工友们相处得很好，平时在路上相遇，他都会打招呼。有时当差的给他送信，他会专门多给当差的一点钱。工友们帮他做了事，他都客气地说："劳驾，谢谢！"大概说多了，习惯了，在家里凡有小孩给他倒茶、拿物，朱自清也会客气地说："劳驾，谢谢！"他的夫人陈竹隐后来就说他："以后不要和孩子这样说，显得没有父子情分。"朱自清这才不在家里用"劳驾"这样的词语。

北京的冬天特别冷，朱自清上大学时只有一条薄被子，晚上睡觉冷得不行，躺下后，让人用绳子把被子绑在脚底下，防止走风。他就这样在被窝里读书。他舍不得花钱添置被子，但在学习上花钱大方得很。朱自清在书店看到一本新版韦伯斯特英语大辞典，定价14元，相当于他一个学期的学杂费和住宿费。他咬咬牙,把那件在《背影》中出现过的紫毛大衣当了,买了辞典。后来那件紫毛大衣再没有赎回来。

朱自清是一个至情至性的人,惟其如此,他的散文才注满情义,打动人心。在他的散文创作中,有写父子之情的《背影》,有写夫妻之情的《给亡妇》,有写儿女之乐的《儿女》。散文家李广田这样评价《背影》:论行数不满五十行,论字数不过千五百言,它之所以能够历久传诵而有感人至深的力量,当然并非凭藉了甚么宏伟的结构和华赡的文字,而只是凭了它的老实,凭了其中所表达的真情。这种至情至性,也表现在朱自清平时的为人处世中。

朱自清对自己的要求十分严格,在他的日记中,可以常读到"我太自私了""过于懒惰""不够努力"等语句。1926年,他经历了"三一八"惨案,也目睹了血雨腥风的场面,后来写成《执政府大屠杀记》一文,痛斥反动派政府的暴行,而他也坦率承认,自己当时还有点害怕。对于自己的"由怕而归木木然",他自责道:"实在是很可耻的。"这正是他诚朴正直天性的自然流露。以上种种,足以体现朱家"无形家风的有形力量"。

与朱自清一样,他的两位同胞兄弟朱物华、朱国华也传承着这种无形的家风。"北有朱自清,南有朱物华,一文一武,一南一北,双星闪耀。"这是中国知识界、教育界对朱家两兄弟的赞誉。

朱自清的二弟朱物华,是我国电子学科和水声学科奠基人、中科院院士、上海交通大学"文革"后第一任校长,他培养的学生有杨振宁、邓稼先等。他和兄长朱自清一样,一身正气,热爱祖国,严谨治学。他俩就连生活中待人接物的方式都十分相似。那时朱物华已是一级教授,每月工资365元,但他只拿300元,说人不能太贪心。

1955年,朱物华从上海交大奉调到哈尔滨工业大学,临别前,他把自己在上海衡山路的三层小楼以2000元的低价卖给一对退休夫妻。衡山路上的房子几乎幢幢都是高档住宅,有人问他怎么卖这么便宜,物华说:

"这两位老人拿不出更多的钱了。"周围的同事每当提起这件事,就说朱物华"迂啊"。

朱物华80多岁时,交大领导看他年事已高,给他配了专车,这也是对老专家的惯常做法。但朱物华坚决不同意,经再三推辞,终拗不过众人,被大家拥进车里。谁想到,司机开车送他到家后,一下车,他不进家门,立即步行返回学校,然后步行回家,以此表明"我还有行走的能力,不必坐小车"的决心。

20世纪80年代,朱物华随政府代表团出国访问,看到媒体报道,说朱物华教授不仅能说一口流利的英语,而且仅用三个月时间就掌握了俄语,对此大为光火:"胡说八道,我哪有这样的本事!"让人去和媒体交涉,要求更正。

朱物华有三个孩子,老大考上交大时,他很不高兴,觉得有瓜田李下的嫌疑,怕别人说自己是搞关系的。从这以后,他隆重宣布,另外两个儿子从此不能再报考交通大学。结果一个儿子考上了清华大学,他还不相信,让人打电话问招生办是不是搞错了名字,要求对方务必仔细核对名字。

1989年秋天,87岁的朱物华步行上班时,被一个骑自行车的年轻人撞倒了,头部血流不止,被紧急送往医院。交警扣下了年轻人的自行车。年轻人吓坏了,知道自己闯下大祸,便买了礼品到医院探望朱物华。朱物华只说了一句"不收",随后便挣扎起身,颤颤巍巍赶到交警队,为年轻人说情:"他不是故意的,把车还给他,以后小心就行了。"当年轻人拿到车子,朱物华把礼品挂在他车把上,说了一声"去吧"。年轻人看着头缠绷带的朱物华,一时没反应过来这究竟是怎么回事。

朱自清的小弟朱国华,毕业于厦门大学法律系,拿的是全额奖学金,还是厦大学生会主席。抗战胜利后,他在无锡地方法院担任检察官,在检察岗位上两袖清风、廉洁自守。

一次,朱国华在路上遇到一位富商。这位富商见到他就弯腰鞠躬,还拿出几根金条往他怀里塞。朱国华一时没反应过来，不明白这是怎么回事。原来这是一位开银楼的商人，有桩官司经朱国华审理获得胜诉，使他免于破产，富商以此表示感谢。朱国华拿出礼物说道："胜和败都依据法律，我没做什么，东西不能拿。"这位富商拗不过他，掏出一支派克笔，一定要朱国华留下做个纪念。

1953年，由于牵连历史问题和海外关系，朱国华被剥夺了工作权利，失业在家多年，一家五口的生活全靠妻子支撑，生活十分困难。但他没有一点抱怨，每天义务扫大街，给孩子补习文化课。直到1988年，已经82岁的朱国华才得到改正。在这段日子里，二哥朱物华一直拿自己的工资接济弟弟。

朱家三兄弟都有一颗拳拳的爱国之心，大哥朱自清病逝前不到两个月，在家境十分艰难、身体极度衰弱的情况下，毅然在拒领美国援华面粉的声明上签名，捍卫了国家和民族的尊严。大弟朱物华、二弟朱国华则以其他方式表达了自己的家国情怀：1961年，正是国家遭遇困难时期，时任上海交大副校长的朱物华谢绝了国家为他改置的花园住宅，也谢绝了专车接送的待遇，还多次谢绝增加工资，节衣缩食，教书育人，默默地为国家分忧解愁；小弟朱国华被迫失业多年，没有一味怨天尤人，而是以开朗豁达的胸怀教育自己的孩子刻苦读书、自强不息，今后报效国家。

朱自清一代的无形家风不仅直接影响他们兄弟三人，也无形地传递至第二代、第三代。朱家的后代朱乔森，是中央党校知名的党史专家、教授。当年，朱自清在拒领面粉的声明上签名后，由朱乔森亲自退回面粉票，当时他才15岁。受长辈的影响，他也十分注重节操、修养，始终爱国敬业、廉洁奉公。他的生活十分简朴，除了参加重要活动时穿的一身西服，几乎没有像样的衣服，代步的工具是一辆破旧的自行车，平时抽的烟也是价格最便宜的。但对待别人或公家，他却表现得十分慷慨。每次为灾区捐款捐物，他几乎都是全教研组捐得最多的。

1994年，朱乔森被查出得了癌症。手术化疗期间，他把病房变成了书房、课堂，在病房里读书写作，给博士生讲课。2002年，临终前的他还在给博士生讲课，享年仅68岁。

1933年，朱自清的长子朱迈先被父亲接到北京，他考上了崇德中学，在学校读书期间加入了中国共产党。当时的同学有孙道临、黄宗江、杨振宁等。在孙道临、黄宗江的文章里曾提到过朱迈先。新中国成立后，朱迈先在广西桂林中学当教师，不久在"镇反"运动中被错判，含冤而死。直至1984年才得以改正。

或许因为朱家的规模不够大，又或许因族人天各一方过于分散，朱家并没有专门制定家规家训，但是朱自清这一辈及以后几代人在生活和事业上留下的点点滴滴、枝枝叶叶，好似清澈的溪水，一直滋养着朱家的后人。这就是家风的无形力量。

三代怀故里　五校育精英

——李兴贵一门三代捐资办学帮助家乡的故事

2017年12月29日,宁波市李兴贵中学校园里,彩旗飘扬,一片节日气氛。教学楼上悬挂着红地白字的巨幅,上面写着:"热烈庆祝李兴贵中学建校30周年。"在历史的长河中,30年或许只是一个小小的数字,但对于一个家庭来说,却代表着一家三代人自这个学校创建以来,所做的无数的大事小事。直至现在,每一位来到校庆现场的人们都会有同样的感叹和赞扬。要说这不平凡的30年,还得从李兴贵先生说起。

李兴贵先生(1904年4月18日—1985年12月1日),祖籍宁波东乡,生于上海,逝于香港。他的父亲早年在上海工作,攒有一定积蓄后便回宁波以耕种为业。李兴贵幼时放牛,13岁左右便开始下田。农闲时,他就外出打散工,做年糕、磨豆腐等,以补家用。因阿爷早故,李兴贵只能与阿娘相依为命,偶尔得一"煎堆",两人互相推让。在一长工协助下,李兴贵苦守旧业。十七八岁时,阿娘也过世了。乡下既无生路,也无可留恋,他便背着一个包袱,跟随很多其他宁波人的脚步,到十里洋场的上海去谋生。

到了上海,他在姑丈负责管理的轮船上做水手。航海工作艰苦,生活单调、呆板、寂寞。数年后,他从"生火"做到了"二规"。在船上工作时,像其他水手一样,李兴贵也做些带货的生意,也就是在航程中,把从一个码头买来的货品带到另一个码头卖掉,赚取差价,获取薄利。几年的海上生活让他学会了做生意的基本技巧，也积攒了一点本钱。后经人介绍，他和出生于上海、祖籍宁波西乡的董玉娣女士（1913年12月29日—1985年1月7日）成婚。董女士同样出身劳动家庭，那时她大概15岁，两人年龄相差八九岁。结婚后一两年便有了女儿李景芬。

　　有了家庭后，李兴贵决定不再行海，他开始考虑从事其他工作。因无学历、经验、关系，六亲无靠的他想在20世纪30年代的上海寻个工作是极不容易的。他四处奔走，敲门求职，屡屡不成。最后终于在极有规模的"张崇兴"酱园寻得一个试用"跑街"的职务，用现在的话说，是个营业员。虽然资历学识尚浅，但他以勤补拙，日夜接洽生意，追收账款。数月后，他的营业额跃居首位。李兴贵在推销"张崇兴"酱园产品之余，也推销自己的货品，这些货品多半是和轮船上的伙食有关的物品。受益于早期行船的经验和关系，他的生意越做越大，前景十分光明。随后，他辞了职，离开了"张崇兴"酱园，开始自己做老板。十年下来，李兴贵不仅在上海建了自己的仓库和铺面，也在广州、台湾、香港有了自己的生意分号，但好景不长。淞沪战争爆发后，居民纷纷逃离上海。同时因为时局的关系，很多轮船和客户也不敢回到上海，而滞留在广州、台湾等地。李兴贵不得不到各个埠头去和他们取得联系，以追回账款。经历此等遭遇之后，他决定把妻女和生意搬到香港。

　　李兴贵夫妇在香港人生地不熟，既不会说英语，也不会说广东话，一切要从零开始。这是他人生的第二次冒险。与以往不同，这次除了少许资本，在农耕、航海及贸易中受过各式各样磨炼的他已积累了一些经验，体验过人生的艰苦和无助，知道助人为乐的道理，更重要的是做人要宽厚慷慨、勤俭诚实。李兴贵夫妇始终坚守这样的为人处世之道，相信在香港终会觅得立足的地方。后来，他俩在今日的西营盘落脚。西营盘靠近三号码头，西环文咸街，是那时南北杂货土产的交易中心和集散地。他俩赁屋而住，继续经营上海三阳南货号，夫妻协力，勠力同心，友爱互助。这也是他俩以后工作生活的模式。

上海三阳南货号自此便是他俩各种事业的源头、后盾、基地和旗舰。

1937年,在香港的上海人还很少,他俩联络上以前的生意伙伴,重续以前的关系,开始从上海、广州多地进口大量土特产来香港,包括咸菜、咸鱼、咸腿、火腿、鲩鱼等。通过电报得知货期后,李兴贵便在铺头开盘,货到之日就推着大秤到船边交货。他几乎垄断了这些货品的市场,甚至连国货公司都要向他进货。他俩在跑马地及九龙开了门售店,出售洋土产。在香港的上海人并不多,他们会相互帮衬,其间李兴贵结识了徐季良、董伯英、叶庚年、李先发等人,同时也同当时为数不多的几家华资银行建立了良好和互信的关系,很多事情可以"闲话一句"便解决了,似乎一切都欣欣向好。但是第二次世界大战爆发,香港首当其冲。

1941年12月23日,日军向香港发动攻势,25日是黑色圣诞节,香港殖民地政府投降。到1945年8月15日英国殖民地政府重回香港,香港经历了"3年8个月"的苦日子。日军投降后,日本军票不被殖民地政府承认,也未曾由日本政府赎回。在这方面,三阳也受到极大损失。日军占领期间,香港百业萧条,很多居民死于饥寒。加之日本占领军虐杀平民,硬性遣送居民出境,三年多时间里,香港人口数量从160万剧降到60万。这对香港社会经济民生等各方面带来致命的打击,各种生意几乎停滞。李兴贵不愿意做日本"皇民",决定带着资产去桂州办厂,留下李太在香港维持。李太处变不惊,维持生意,看守资产,三阳在当时救济了很多流落在香港的上海人。后来因军事失利要撤退,桂州的工厂全部化为乌有,李兴贵仓皇逃命,久无音讯。幸运的是,他死里逃生,辗转来到上海,随后回到香港。

1945年8月15日,日本宣告无条件投降,英国殖民地政府重新统治香港,同时受内地情势的影响,香港各行各业恢复欣欣向荣之势,三阳号自然也从中受益。随后,有颇多人来香港生活和工作,可以说是第二波移民,其中有很多上海人,他们对后来香港的工业化做出很大的贡献。人口多、人才多、机会多，香港慢慢恢复了生气。三阳最先是扩充南货店的门市和批发生意，最盛的时候在跑马地、渣甸坊、北角、湾仔、九龙城、旺角等地都有分店。它是南货店翘楚，其他南货名店有同顺兴、天福，三家南货店组织了同福阳记，专销国内的大闸蟹、火腿、咸腿、咸菜等。李先生同时被推任福利公司的董事长。福利是多间南货店合组的进出口公司。三阳实行账目公开，每月付清货款，利润共享，老板伙计六四折账，所以生意发展极快，也获取了相当利润，成为以后其他事业发展的经济后盾。

但李兴贵的心愿远不止于经营南货，他深知失业之苦、就业之难。深知救急容易救穷难的他，有了点钱后就办厂，为人们提供就业机会。他相信工作能带来自立、自助、自尊、自足，也能养家糊口，同时也相信子女能因接受良好教育而处于社会上游，从而脱离贫穷、改变生活。李兴贵也做过进出口大五金生意，那时能得到有关牌照的只有几个公司，三阳五金号是其中之一。因为进出口铁皮，他在九龙牛头角顺理成章填海建厂，开办"九龙搪瓷厂"，追随益丰、鼎丰、华昌、香港、远东各厂之后。其产品出口到尼日利亚、斯里兰卡等国，并在尼日利亚的拉哥斯设立贸易有限公司。1960年，他又在同址开办了九纶纺织有限公司，从织胚布转为格子布、灯芯绒，后又转为牛仔布。同行有捷德、大丰、茂丰、港新、年丰等有名的布厂。为方便生产，他又开办了三阳染纱厂和发达灯芯绒厂。这些工厂都雇用了大量工人。

大概从1965开始，许多国家为扶植本国企业而增加关税、限制进口，加之运费高涨，以及香港的高人工高地价等，香港的搪瓷厂被迫先后停产或搬迁。李先生便与顾林庆、顾林肯、董纪勋、董纪麟等人到拉哥斯开搪瓷厂，随后发展到铝品厂、钢铁厂等，雇用数千工人。为了方便运输及削减运费，又成立了嘉联航业(香港)有限公司，最多时有十余艘船，载重达数十万吨。1970年左右，政府在牛头角兴建屋邨，无偿收去工厂的地皮，拆去厂房，九纶被迫迁到观塘并重买厂房。过去的几十年，李兴贵的事业为香港社会和发展中国家提供了不少就业机会，实现了自己的一部分心愿。

因为深受未进学校读书之苦，李兴贵夫妇更大的心愿是兴建学校，为人们提供受教育的机会。他们认为好的教育使人自立、自信、自强、自助，从而改善生活和命运。1982年回乡之旅后，他俩向女儿李景芬多次提到故乡缺少学校的情况，很想为故乡做点什么。他俩多年辛劳，身体渐差，频频出入养和医院，但从未忘记曾经应承要运辆小巴回宁波的事。李小姐遵命运了一辆十四座丰田小巴回去。在1982年，这可能是宁波街上的第一辆小巴。李太于1985年1月7日去世，李先生于同年12月1日去世。两位长者勤俭朴实、宽厚仁慈、乐于助人、与人为善，终生不易。建立学校以了他俩心愿的重责，便由女儿李景芬挑起。

1957年前后，李先生和李太把女儿李景芬送到美国纽约大学读书。她主修经济，获得了硕士学位。在纽约，李小姐遇到了白德超先生，他是台大法律系的毕业生，纽约大学的法律硕士。他俩于1960年在纽约市政厅公证结婚，1960年底生下女儿明英。因为家中生意需要打理，李小姐便于1961年携女返港。白先生也于1962年中断了他法理学博士的论文，直飞尼日利亚的拉哥斯，协助管理那边的业务，其后再回到香港。从此他俩便在二老指导下学习做生意，逐步担负起更大的责任。1980年以后，二老开始频频生病，李景芬夫妇不得不挑起管理企业的责任，李小姐随后担任了三阳号有限公司和九纶纺织有限公司的董事长。

等李太的后事料理得差不多了，李小姐便联络有关人士，落实建立纪念学校的事，计划先在香港和宁波各建一所中学，捐款港币170万元。香港保良局董玉娣中学建在香港屯门，该校于1987年投入使用，由港督卫尔逊爵士夫人主礼。这是一所英文学校，每年100名毕业生中有40名左右进入港大和中大，10名左右入香港科大，20名左右入香港理大，是香港名校之一。

在宁波这边，李景芬为实现父母生前要帮家乡办教育的嘱托，请人前来了解情况，联系了有关部门，向有关部门提出捐资100万港币在家乡建一幢教学楼的想法。计划很快得到鄞县(今鄞州区)有关部门的支持和大力帮助。

1986年4月，李景芬带领儿女李明英、白明珠及亲友一行，到邱隘参加以母亲名字命名的"董玉娣教学楼"落成典礼。眼见这幢崭新的教学楼成功启用，李景芬心里特别高兴。为了进一步改善学校办学条件，李景芬又捐资70万港币，扩建和完善学校的教学设施。以后还隔三岔五捐赠图书、自行车、丰田十四座面包车，以及电子用品、科学仪器等教学用品。蒙政府批准，该校最后被命名为董玉娣中学。李景芬遵父母之命，终于在国内完成了第一桩捐建学校的大事。在老师、学生及社会各界的努力和关怀下，董玉娣中学风气纯正，办学成绩优良，成为宁波重点学校之一，与香港保良局董玉娣中学相互辉映。香港董中张家邦校长曾经率领学生访问宁波董中，两校排球队进行了友谊赛，学生间交流心得，犹如兄弟姊妹。

1986年11月，为实现父亲在国内建立一所纪念中学的嘱托，李景芬希望捐资100万港币，兴建"李兴贵教学楼"。宁波市政府和市教育局等有关部门为落实李景芬女士的捐资意愿，便在当时的高塘中学内新建以"李兴贵"命名的教学楼和配套实验楼等。李景芬在一年余的时间里完成了父母生前捐资乡里、帮助教育的嘱托，心里自然感到很高兴。

1987年10月9日，"李兴贵教学楼"在高塘中学校园内顺利建成，李景芬一行数十人专程来甬参加教学楼的落成典礼。大会结束后，李小姐参观了新落成的教学楼、实验室，看到美术教室新增的设施和漂亮的环境布置，除了不断啧啧赞扬，心里又有了新的赞助想法。

李景芬小姐热心助学，不仅专注于捐资建造校舍，还十分关心学校的全面发展。每次来宁波到校园考察后，总有些地方引起她的关注，之后她就会以实际的举措——解决。她帮助学校增添设施，为学校提供教学资料、电教设备、教学仪器，甚至于师生在校的生活用品。在以后的三年里，她先后向学校捐赠丰田十四座面包车、本田摩托车、立体声电子琴、电烘箱、冰箱、电热水器、电饭锅、电风扇、电动缝纫机、英文打字机、长江牌钢琴等众多物品。这些都大大改善了当时学校的办学条件和师生的日常生活。在李景芬心目中，凡能想到的都要去做，去实现。1987年6月，李景芬又捐资50万港币，帮学校兴建礼堂和体育馆。

但李景芬觉得这还不是终点，她有更进一步的想法，那就是把所有资源整合成一所优良的中学。每当她来宁波时，便与有关人士谈及此事。市教育局向市政府汇报了李景芬的想法，上级领导对此十分重视。市政府有关部门研究后，决定委托市教育局直接办理此事。李景芬的心愿总算得到了实现。

1987年10月13日，宁波市教育局根据宁波市政府的决定，由宁波市教育局发文，决定把宁波市高塘中学更名为宁波市李兴贵中学。在当时，这是宁波市内第一所以港胞姓名命名的学校。从此开始，宁波市李兴贵中学在上级领导的关心、支持下，在广大师生的共同努力下，成为宁波市区响当当的优秀学校。

1992年，李景芬又在九龙新界大埔捐款港币380万元，成立了香港教师会李兴贵中学。该校校长曾率领师生到宁波李兴贵中学访问，两校师生热情交流生活、读书方面的经验，临别不胜依依。

春华秋实，由李景芬捐助的学校都取得了喜人的业绩。甬港两地的董玉娣中学、李兴贵中学，南北辉映，乐育英才，服务社会和国家。面对这一份份沉甸甸的收获，李景芬喜不自禁地说："我秉承先父母的遗愿，尽己之微力，在甬港两地所捐建的这两所学校，其目的是想经过教育，培育人才，繁荣故里，总算有点成绩。"古语云："十年树木，百年树人。"为繁荣家乡教育事业做些事，她心里很开心。

李景芬和她的父亲李兴贵先生都酷好运动，她先后捐资兴建宁波大学李兴贵球场，设立李景芬白明珠体育专项奖学金，捐助宁波大学校运会运动服、奖杯等。她还设立了宁波大学董玉娣奖学金，每年奖励15名品学兼优的学生。至今，得奖学生已有200人左右。

宁波市李兴贵中学建校30周年时，李景芬的丈夫白德超先生和她的女儿白明珠小姐远道而来，参加周年庆典并探访学校。他们还带来了李景芬的贺信"千里鹅毛，聊寄怀想"，赠送了丰子恺先生和著名国画家周思聪女士的国画作品、著名书法家林散之先生的书法。可见，已83岁高龄的李景芬对李兴贵中学的深情不减。同时又捐出港币10万元作为30周年的贺礼。

如今，李景芬把这份重任亲自交到了她的女儿白明珠手上，祖孙三代继续为家乡教育事业谱写"培育人才、繁荣故里"的新篇章。女儿白明珠出生于香港，香港圣保禄中学毕业，先在美国哥伦比亚巴纳德女子学院学习一年，然后去英国阿伯丁大学读书，获得内外科医学学士学位，后又获得利物浦大学医学博士学位。白明珠还通过了英国皇家内科医学院院士考试，获英国皇家联合医学院专家培训所内科及肾科专科毕业文凭，及英国皇家内科医学院（伦敦、爱丁堡、格拉斯哥）授予的院士衔。在英国，她从实习医生做到英国皇家利物浦大学医院顾问医生，及大学讲师。她同时也从事很多校外教培活动，曾任英国皇家内科医学院专家顾问委员会（肾科）成员，英国皇家内科医学院梅西区专科医生培训委员会主席，英国肾科总会培训理事，顾问医生任命小组成员，英国内科医学院联会、肾科总会、院士考试拟题小组（肾科）成员等公职。

在英国读书工作28年后，她回到香港工作，现任香港大学医学院荣誉教授，玛丽医院荣誉顾问医生，香港大学深圳医院肾科主任，大内科主管和助理院长。她从小追随母亲访问宁波等地，并参与建校等事务，深愿继续父母的建业，为家乡尽力。她曾屡次到宁波大学学习教学，现任宁大客座教授及校董会董事。

有人说，如果李小姐在1986年把捐给家乡的钱买股票和地产，到今天利润已十分可观了。他们错了，其实李小姐做了最佳的投资。对她的捐赠，故乡人民一直铭感在心。2018年1月3日，宁波市市长在给她的回信中说："长期之来，你们情系故乡，不忘家乡，反哺家乡，在事业有成的同时，积极为家乡建设献计献策，出资出力，桑梓情怀，让人钦佩。捐献李兴贵中学、董玉娣中学，设立宁波大学董玉娣奖学金等，为宁波教育事业发展做出了巨大的贡献。对此，家乡人民永远不会忘记。"李小姐要回问这些人，世界上还有比这更好的投资和回报吗？她说，应该说感谢的人是她，她要感谢乡亲、学校、政府，让她有机会在香港、宁波两地捐建一对姊妹中学，把有限的资金派了最好的用场。30年来，五校的毕业生当以万计，他们改变了自己的命运，进而服务于家乡、社会、国家。这应该是最成功、最有意义、最高尚、最光荣、最永恒的红利和回报。

□ 钱文君

抗日名将戴安澜的家国情怀

"人我之际要看得平,平则不忮;功名之际要看得淡,淡则不求;生死之际要看得破,破则不惧。人能不忮、不求、不惧,则无往而非乐境,而生气盎然矣。"这是戴安澜将军生前手书的一则勉己励人的语录,至今仍刻在其故乡纪念馆的花岗岩石碑上。一个人究竟该怎样来度过自己的一生?这是值得每个人思考的问题。

"保卫家国,抗击日寇,身经百战,浴血疆场;远征缅甸,奋勇杀敌,立功异域扬国威;不畏险阻,以身殉国,域外死忠第一人。"这是后人对戴安澜将军38年的短暂人生所做的评价,一位深怀家国情怀的军人形象兀然耸立在人们眼前。

戴安澜,安徽无为县洪巷乡练溪风和村人,这里是他出生和度过青少年时期的地方。戴安澜小时候家里很穷,读完安徽公学之后,在农村教私塾。由于家境清贫,生活艰苦,他经常喝凉水充饥。高中阶段受孙中山三民主义影响,戴安澜立志要上广州考黄埔军校。当时考黄埔军校要进行体能测试,要求考生跑3000米,但他因体弱跑了1000米就吃不消了。在广州的叔祖父要去找人说情,保荐他入学,但他不肯。他要先去当兵。他说将来假如进了黄埔军校,他要过军人的生活,要带兵,要打仗。当了一段时间兵,了解了军队的情况,他就参加了国民革命军,当了一个二等兵。在军队里吃饭,还

学广东人洗凉水澡,很快他的身体就壮实起来。1924年12月,他考入了黄埔三期步兵科。

戴安澜原来的名字叫戴炳阳(自号海鸥),当时,国家正处于危难之中,为"镇狂飚于原野,挽巨澜于既倒",遂改名为"安澜",体现了一位黄埔士兵为了国家前途而奋斗的决心。1926年初,军校毕业后,戴安澜被分配到国民革命军总司令部任排长,开始他戎马倥偬的军旅生涯。

战功卓著:从长城打到昆仑关

抗日战争爆发后,戴安澜将军从长城抗战到台儿庄战役,再到武汉保卫战、昆仑关大捷,在大小数百次的战斗中,他总是身先士卒,英勇奋战。

1933年春,日寇在华北挑起长城战事,在17军25师145团任团长的戴安澜奋勇指挥,率部力战,使得友军已失的阵地得以收复,并在战斗中同一位姓赵的连长一起救下师长吴麟征。戴安澜因奋勇作战获得嘉奖。当时北平报纸对此进行了报道,对他大加赞扬,令北平青年称羡不已。

1937年,卢沟桥事变发生后,戴所在部队在河北太行山地区与敌作战。8月,戴团长被提升为25师73旅旅长,率领部队阻击一时得胜而骄狂的土肥原部队,并给予其沉重打击。

1938年3月,徐州会战爆发,戴旅长率73旅进攻陶墩,智取朱庄,与友军协同作战,完成了完全包围台儿庄日军主力的计划,为台儿庄战役的胜利奠定了基础。台儿庄的日军被歼灭以后,临沂方向的日军进行了猛烈的反扑,与中国军队对峙于杨家集、艾山一线。戴旅长率军防守中艾山,日寇猛攻四昼夜,最终被击退。戴旅长由于在徐州会战中又立战功,于1938年5月晋升为89师副师长。

据戴安澜将军儿子回忆,在母亲眼中,父亲是个善战的军人。徐州会战后,父亲曾跟母亲说过前线作战的细节,他们常准备一桶凉水放在身边,枪管打热了,就放到水里降温。父亲给家里写信时,总会提到大捷的消息,母亲就认为父亲是个不会打败仗的常胜将军。

1938年8月,戴安澜被任命为第5军200师师长。1939年12月,桂南昆仑关战役接近尾声,戴师长亲临炮兵阵地指挥炮击日军,不幸被弹片击中背部,因流血过多而被抬下战场。昆仑关大捷是抗日战争史上最为壮烈的战役之一,击毙日军旅团长中村正雄少将以及该旅团90%的军官,戴将军在此役中荣立战功,并获得奖章。

戴安澜从长城保卫战开始,一直打到昆仑关,可谓战功卓著,是一位不可多得的年轻战将。

远征缅甸:出师未捷身先死

1942年3月,中国远征军入缅作战。戴安澜率领的第5军第200师作为入缅作战的先锋,一直行进到缅甸中部的同古(又称东瓜),协助英军防务,掩护英军撤退。然而英军防守的仰光失守后,同古的英军不与中国军队商量,仅通知200师司令部,把同古城的防务完全交给了200师,而此时第5军的第22师、第96师离200师有近千公里之遥。200师只能以一个师的兵力来对付北上的日军主力。戴安澜将军决心战死疆场,以报效国家,将部队的防御阵地部署就绪后,他立下遗嘱,并给各级下命令:"师长战死,副师长代之;副师长战死,参谋长代之;各团、营、连亦如此。"因而全师上下同仇敌忾,士气旺盛。

3月18日到3月29日,日军第55师团在空军的掩护下,骑、炮、步兵联合向200师阵地猛攻,其间还施放毒气弹,但始终未能动摇同古防御的核心阵地。在200师的顽强抵抗下,日军死亡5000余人,我方牺牲1000人,以1比5的战绩创造了中日交战史上前所未有的战果,国际舆论为之震动。蒋

介石称此役是"中国的黄埔精神战胜了日本的武士道精神"。中缅印战区美军总司令史迪威将军评价戴安澜将军为"立功异域扬大汉声威的第一人"。

同古防御战之后,由于英军提供的情报有误,日本第18师团占领棠吉,除了一部分部队防守棠吉,其余部队继续北上,加上日军第19师团占领腊戍,远征军回国的道路被阻断。这时,以史迪威为首的长官部要求远征军各部各自突围。5月初,史迪威带参谋团的人员退向印度,第5军96师、22师走进了野人山,200师在缅甸东部奉命尾随日军,相机返回。

1942年5月18日,200师在通过昔卜到摩谷公路最后一道封锁线时,遭到日军伏击,戴将军亲临第一线指挥,不幸胸、腹部被敌人机枪子弹击中,但他仍然坚持指挥战斗,集中兵力突围成功。在撤退路中,由于缺医少药,加上湿热的热带气候,戴将军的伤口溃烂腐化,连日高烧不退。5月26日下午5时40分,在缅甸茅邦村殉国。弥留之际,他要战士扶着他,深情注视着北方的祖国,不久就闭上了双眼,年仅38岁。

戴安澜将军牺牲后,200师的将士们失声痛哭,并决心把他的遗体带回祖国。工兵营的士兵们将一棵攀枝花大树锯下来,将树干掏空作为棺木,将戴将军的遗体入殓,由工兵营负责护送,跟随部队前行。

由于天气炎热,尸体开始腐烂,士兵无法抬着继续行军,把师长遗体留在缅甸更不行,无奈之下,他们决定将师长的遗体火化。士兵们在瑞丽江的江心滩上堆放好木材,将棺木放在上面,为防止日军突袭,重机枪连在两侧山头警戒。点火后,两岸战士齐齐地举手敬礼,并大哭了起来。这时奇迹忽然出现了,正当尸体烧到一半的时候,熊熊的火光中有一股蟒状的火焰夹杂着许多火星直向天空飞去,战士们见状十分惊奇,不禁高声呼喊着"师长成龙上天了!"

部队撤到滇缅边境时,一位老华侨被戴安澜将军痛歼日军、为国捐躯的英雄事迹所感动,主动将一口为自己准备的楠木棺材献了出来,并将装有戴将军遗骨的棺木一直护送至村的尽头。

从云南到贵州，再到广西，戴安澜的灵柩每到一地，民众都会自发地加入迎送的行列以拜祭这位抗日英雄。

1943年4月1日，在广西全州香山寺前举行了戴安澜将军悼念安葬仪式。时在重庆的蒋介石委托李济深主持悼念仪式，并送上挽词："虎头食肉负雄姿，看万里长征，与敌周旋欣不忝；马革裹尸酬壮志，惜大勋未集，虚予期望痛何如？"在延安的毛泽东主席也派人送来了一首挽诗："外侮需人御，将军赋采薇。师称机械化，勇夺虎罴威。浴血东瓜守，驱倭棠吉归。沙场竟殒命，壮志也无违。"周恩来、朱德、彭德怀、邓颖超等也敬送了挽联。

美国政府为表彰戴安澜将军在二战中的巨大贡献，于1942年10月29日向其颁授懋绩勋章一枚。戴安澜将军成为二战反法西斯斗争中第一位获得美国勋章的中国军人。

勤学好问：边打仗边学英语数学

戴安澜十分热爱读书，为了丰富自己的知识，他在军旅生涯中抓紧一切时间学习。在他遗存的日记中，大量的内容是涉及学习的。他给自己立下规矩：一事不知，不更二事；一书不解，不更二书。他强调不能为学习而学习，学习不图虚名，扎扎实实，学以致用。他对官佐们说，你们今天在军言军，所求学问，应以军事为准绳。他对一些年轻学生说，努力学习，打好基础，也是救国报国的一条途径，只有做到与外国人并驾齐驱，国家才能有长足进步。

戴安澜当团长后，工作之余除学习数学、物理外，还学习英文。据他的大儿子戴复东回忆，他曾经有一段时间在军营过夜，他和父亲点了两盏油灯，人手一本书，由于他年纪尚小，坚持不住就睡着了。醒来后发现父亲仍在看书，父亲的好学精神至今仍令他十分感动。

为了学好英语,戴将军还请了一位来自东北的为抗日而参军的大学生焦沛然做他的老师,一周上六节课,每天上课80分钟,按焦老师的要求认真完成作业。他持之以恒地连续学了四年多,英语水平有了很大提高。当戴将军入缅甸抗日时,已经能与英军进行基本的交流。

戴安澜将军不但自己爱读书、爱学习,也十分重视妻子和儿女们的学习。据戴安澜的女儿回忆:

1926年,父亲与自小定亲的母亲在广州成了家。当时母亲目不识丁,没有名字,只是叫作"王家姑娘"。母亲所学的知识都是父亲教的,母亲的名字也是父亲取的,叫"王荷芯"。之所以取"芯",是因为父亲认为做军人的妻子要像荷花的芯即莲子一样,要含辛茹苦。结婚一年后,在父亲的帮助下,母亲已能认字读书,两人感情日渐升温。后来母亲把自己的名字改成了"王荷馨",取馨香之意。

婚后,父母养育我们四个兄弟姐妹。1928年,大哥满月后,父亲陪母亲去照相馆拍照。其中有一张父亲的单人照,母亲一直带在身边,刚识字的母亲还在照片背后写下"亲爱的澜哥哥",足见父母亲间的深厚感情。

受父亲勤学的影响,四个子女先后上了大学,毕业以后,先后从事高等教育工作,成为著名的学者。

家国情怀:捐薪报国舍小家

据戴安澜小儿子回忆,父亲离开家参加远征军的时候,他只有一岁多,还不会说话,后来父亲在战场上牺牲了,所以父亲留给他的记忆很少。他对父亲的记忆主要来自母亲之口,以及父亲留下来的日记和一些历史资料。

父亲是一个伟大又平凡的人。伟大,是因为他把国家和民族放在首位;平凡,是因为他和普通人一样,在日常生活中也有自己的兴趣爱好,喜欢文学、下棋等。父亲也是一位家庭责任感很强的人,他爱自己的妻子和儿女们,就算再忙,也会抽空来关心妻儿们。

戴安澜在给大哥的一封信中写道:

东儿:

你对我的想念,我是知道的。其实我对你们兄弟姐妹的想念,比你更甚呢。不过,当这个时候,只有按下私情,为国效力了。如果我是田舍郎,那么我们可以天天在一起了。但是你愿意要哪一种父亲呢?我想,你一定是愿意要英雄的父亲。

当国家需要的时候,他就把对家人的爱融入对国家对民族的大爱之中。

在国家存亡之际,他深感拿着国家给他的薪酬很不踏实。1937年11月11日,戴安澜写信给老家的堂兄戴汝琴和戴汝传,在信中表示:"身为军人,不能保土卫民,拿此巨薪,于心何忍?特提出一千元捐助国家,以作报效。"他捐薪报国的行为产生了良好的效果,其所在师的各位官长均表示愿意量力捐助。捐款后,戴安澜把五个月薪水中剩余的五百元全寄家用。

为了把捐款之事做实,他特地写了一封详细的嘱托信:

琴、传二兄:

昨肃一函,尚未付邮,因回洛之人尚未动身故也。适午后薪水发到,五个月共计得洋一千五百元。弟回思国家当此危急存亡之时,而身为军人,不能保土卫民,拿此巨薪,于心何忍?特提出一千元捐助国家,以作经费报效,款已付出,电报亦拍发。目下我师各官长,均为弟此举感动,均愿量力捐助,预计可得捐款一两万元。一师如此,各师如仿而行之,则政府立刻可省几百万支出也。想不到弟之个人举动,而收如此效果,实不尽快慰也。刻因所剩五百元,在前方无用处,带用累赘,特寄回来请兄等收存。如家中不需用,则请存于万昌,不取利息。兄等收到后请回示。寄洛阳白马寺第二十五师第一四五团赵军需收转,以免弟之悬念。匆匆未尽,余俟再谈,敬请冬安。

弟安澜顿首上
二十六年十一月十一日

当他在缅甸作战陷入困难之时,怀着满腔的家国情怀,给妻子王荷馨写了一封遗书,这是他与妻子的最后一次隔空对话:

亲爱的荷馨:

余此次奉命固守东瓜(即同古),因上面大计未定,其后方联络过远,敌人行动又快,现在孤军奋斗,决以全部牺牲以报国家养育!为国战死,事极光荣,所念者,老母外出,未能侍奉。端公仙逝,未及送葬。你们母子今后生活,当更痛苦。但东、靖、篱、澄四儿,俱极聪俊,将来必有大成。你只苦得几年,即可有福,自有出头之日矣。望勿以我为念,我要部署杀敌,时间太忙,望你自重,并爱护诸儿,侍奉老母!老父在皖,可不必呈闻。生活费用,可与志川、子模、尔奎三人洽取,因为他们经手,我亦不知,想他们必能本诸良心,以不负我也。

安澜
民国三十一年三月二十二日

为了保证家人得以正常生活,他给自己的朋友写了一封托孤之信:

子模、志川、尔奎，三位同鉴：

　　余此次远征缅甸，因主力距离过远，敌人行动又快，余决以一死，以报国家！我们或为姻戚，或为同僚，相处多年，肝胆相照，而生活费用，均由诸兄经手。余如战死之后，妻子精神生活，已极痛苦，物质生活，更断来源，望兄等为我善筹善后。

　　人之相知，贵相知心，想诸兄必不负我也。手此即颂勋安。

安澜手启

　　从这封信的字里行间，我们看到了一位铁血汉子对家的眷恋不舍；然而，在写给妻子的信里，却将这份不舍深藏内心，努力宽慰自己的亲人。

　　当年的那场战争早已离我们远去，但戴安澜将军在战场上留下的家书却成为历史的见证。当我们再次打开这些尘封的家书，依然能读到硝烟和苦难，读到思念和牵挂，更能读到以死殉国的毅然决然。

先烈遗风，传承有人

　　据戴将军女儿回忆，其母亲在昆明看到父亲棺木之后，要开棺验尸，经好多人劝阻才放弃。对于父亲的牺牲，母亲十分悲痛，曾多次要寻死，想与父亲一起做伴。但是又想到父亲去世前在家书中鼓励自己要坚强地活下去，要坚强地抚养孩子成人，成为国家有用之才，母亲又咬牙坚持下来了。她不仅承担着沉重的失夫之痛，还得挑起一家人的生活重担，除了四个孩子，还有奶奶、三叔等的生活。即便那样艰苦，母亲也做到了。家里生活过得十分清苦，平时炒菜都很少放油。一次断了粮，母亲只能拿父亲生前穿过的旧衣服到街上换了一袋米。

　　戴安澜牺牲的第二年，尽管家里的生活很困难，但是王荷馨还是捐出了

全部的抚恤金二万余元,在广西全州开办了一所以戴安澜名字命名的"高级工业职业学校",以了戴安澜在世时重视教育、重视学习,嘱告子女要认真读书的遗愿。这所学校历经战火,几度迁移,成为今天安徽芜湖安澜中学的前身。

作为英雄的儿女,他们从未忘记父亲生前的教导。据戴安澜将军的女儿戴藩篱回忆:"我们几个兄弟姐妹的名字都与抗战有关。哥哥叫复东(原名覆东),是覆灭东洋的意思;我叫藩篱,就是国家的屏障,挡住侵略;而二弟叫靖东,绥靖东洋的意思;小弟叫澄东,是澄清东寇的意思。父亲的愿望就是,当祖国受到敌人侵犯之时,我们就当从军抗敌、保家卫国。"1951年,年轻的藩篱加入了中国人民志愿军,雄赳赳、气昂昂,跨过鸭绿江,抗美援朝、保家卫国。由于立下不少军功,获得朝鲜颁发的银质军功章。

现在已八十高龄的戴藩篱作为"上海市百老德育讲师团爱国主义教育"的宣讲员,仍在向市民尤其是广大青少年讲授人生信念,为宣讲爱国主义情怀,播种文明知识而忙碌。

戴安澜牺牲已有七十余年,但国家从来没有忘记过这位英雄。1956年,毛泽东主席亲自签发文件追认戴安澜将军为烈士,并向其家族颁发了烈士证书。2015年9月,为纪念抗战胜利70周年,国家在北京天安门广场举行了威武庄严的三军阅兵式。戴安澜烈士的女儿戴藩篱作为家属代表,受邀参加阅兵式。她和抗战老同志、抗日英烈后人一起组成两个乘车方队,坐着敞篷车接受习近平主席的检阅。受到邀请时,她兴高采烈地告诉哥哥和两个弟弟,大家都非常激动。父亲为抗日献出了年轻的生命,祖国没有忘记他们,此时她想起父亲曾对他们说过的一句话:"你有个英雄的父亲,当然是常常别离。"

现在,戴安澜将军的儿女们虽然都已是年迈之人,但他们不忘父亲教诲,在不同岗位上继续发挥着他们的余热。

两封遗嘱传递无私家风

十多年前的一个上午，北京八宝山革命公墓第一告别室，在简单的仪式后，送走了一位老人。这位老人生前立下遗嘱：去世后不发讣告，丧事从简。有关单位领导尊重老人遗愿，没发通知，可自发前来送别的人排成了长队。

这位老人是新中国首任部长之一——财政部原部长吴波。在他走完99年的人生历程后，静卧在鲜花、翠柏丛中，面容依然如生前那样淡然、和蔼、平静。他那慈祥、无苦无悲的容颜，让人觉得他似乎并没有离去，只是沉沉地睡着了。

1983年，吴波离休之后重返延安，对自己参加革命后的生涯做了一个概括："面完达摩十年壁，换得金刚百炼身。今日灵山问证果，此生犹愧净无尘。"他把自己的一切献给了人民，忠实地完成了自己的夙愿。他以真诚的坚守走完了一生。

与吴老一起工作过的同志不约而同地说，他是个不讲亲情、不合时宜的"怪人"。其实，在吴老的心中始终有一份坚守，据说是他年轻时立下的"不置私产"的信念，随着时代的变迁、环境的变化，他始终不忘初心。

一年春节，财政部新任部长去看望吴波老部长。吴老说，你那么忙，打个电话问候一下就很好了，何必跑一趟；离休了，成了吃闲饭的人，不能给你添麻烦啊。此时的吴老已九十多岁，虽躺在床上吸着氧气，说话吃力，却一脸爽朗。听说他早已立下遗嘱，等他去世后他的房子交公。当时与吴老一起工作过的同志都很难理解，尽管他的儿孙大多在外地，但若要回北京读书和工作，就非常需要这套房子。但吴老坚决不改变他的想法。

从新中国成立初期担任财政部副部长，直到离休，吴老一直住在单位分给他的几间年久失修的旧平房里。吴老住的旧平房处在拥挤的平民区，胡同窄得开不进汽车，墙上裂着口子，夏天没有空调，洗澡用的是简易的铁皮浴缸，生活条件简陋。几次分新房，尤其是他当财政部部长后，组织上又给他安排了部长待遇的房子，可他都让出去了，还说住平房习惯了。

吴老晚年分配到两个单元的住房。当时财政部楼房不够分，吴老坚持要把单位分给他的房让给别人。考虑到吴老年事已高，平房条件太差了，这次组织没有听取他的意见。在组织的极力要求下，吴老只好住进了这套楼房。后来赶上房改，可用较低价格买下这套房子，但吴老执意不买。他说："我参加革命成为一个无产者，从没有想过购置私产留给后代。"这是他参加革命时的初衷，虽然经过了几十年的世事沧桑、风风雨雨，却丝毫没有改变。到了晚年，他想实现"一生无产"这一初衷的心情越发迫切了。

那年，已是85岁高龄的吴老病重住院，他感到自己的身体越来越差，急着要立遗嘱。出院后的一天，吴老让三子吴威立和秘书等人张罗立遗嘱的事。开家庭会议时，他请了几位秘书作为见证人。吴老提出他去世后房子交回财政部，全家人都同意吴老的意见。吴老自己口述，让三子记录。等遗嘱写完，吴老又仔细地审查了一遍，并嘱告他们把这遗嘱送交给财政部。

遗嘱的内容如下：

我参加革命成为一个无产者，从没有想过购置私产留给后代。因此，我决定不购买财政部分配给我的万寿路西街甲11号院4号楼1101、1103两单元住房。在我和我的老伴邸力过世后，这两单元住房立即归还财政部。

我的子女他们均已由自己所属的工作单位购得住房,不得以任何借口继续占用或承租这两单元住房,更不能以我的名义向财政部谋取任何利益。

我去世后后事从简,不发讣告,不开追悼会,不搞遗体告别,火化后骨灰就地处理不予保留。

(以下略)

立这份遗嘱时,现场有两个见证人,由他的儿子、儿子的代签人签名、画押。过了两年多,吴老时常生病,经常住院,他对去世后房子交公的事还是放心不下,觉得自己还有些意愿需要向财政部领导交代。于是他又写了第二份遗嘱。这份遗嘱是直接写给时任财政部部长项怀诚的。

怀诚同志:

我的后事请按我的遗嘱办理,一切从简。

我在遗嘱中要求我的子女不要向财政部伸手,也请部里不要因为我再给他们任何照顾。在我老伴邸力过世后,我的住房必须立即交还财政部。财政部也不要另外给他们安排、借用或租赁财政部的其他房屋。他们有困难,由他们找自己所在的工作单位解决。

我指定我三子吴威立做我的遗嘱执行人,由他负责和财政部联系。

(以下略)

吴老的两份遗嘱,在当时财政部党组成员中引起了极大反响,同志们都钦佩吴老的高尚品格,对吴老的意愿,只好选择同意。大家明白,遵照吴老的遗嘱行事是对他的最大理解与敬重。

2005年2月20日,吴老平静地走完了99年人生。家人在八宝山送走了吴老。办完了父亲的丧事,趁家人比较齐,吴威立当天下午召集了兄弟、侄儿，又请了父亲的秘书和身边的工作人员，一起召开一次家庭会议，办好父亲生前所立的两份遗嘱的各项内容。经过家庭成员一致同意，形成了一份详尽的《家庭会议纪要》，将遗嘱中的安排逐条逐人地落实下去。吴威立写了一份《交房申请》，请父亲的秘书送到财政部，表示"我父亲交房是个人的意愿，不是国家所提倡的事，因此不要宣扬。我们兄弟几个都已买下了本单位分配的住房，代父亲上交这两套住房，是出于子女们对父亲的尊重，完成他的遗愿"。

当这份《交房申请》送到部长助理手上，助理从心底被吴老的行为深深感动。他从吴威立写的《交房申请》的字里行间再次感受到吴老的伟大和其家人们的高尚。助理十分清楚这是吴老的私产，且他和家人都以极其认真的态度坚持交公，只有按吴老的遗嘱办，才是对老领导的最大的尊重。

吴老走后，有人对吴威立说，按规定老人的房子你们可以不交，而且这个黄金地段的房价现在已经涨到好几万一平方米，两套房至少能卖近千万。面对这样的大利，吴威立和他的兄弟没有动心。依照父亲的遗嘱，在父亲去世三个月后，吴威立搬走了位于万寿路的两套房里的所有东西，把钥匙交还有关部门，完成了父亲的遗愿，也实现了父亲的愿望——"我是一个无产者"。

吴老生前是个怕麻烦别人的人，也是个处处想着别人的人。他任职时的几任秘书几乎无事可干。吴老无论何时，对人都很亲和，会腾出房子来让没房住的司机全家与他住同院，下乡结交的农民朋友来家就留吃饭，还常常给困难无助的老乡周济钱物。他就是这样，最喜欢与普通群众结交聊天。

他一生追求做普通人。革命年代，在晋察冀边区当"官"的他从不开小灶，与大家排队同吃一锅饭，并把上级分配给他的坐骑送给伤员和最需要的人。当了财政部部长的他仍然不开小灶，与大家排队同吃食堂，在高温季节一再拒绝为自己办公室配电风扇等特殊待遇。因他从来没有官架子，大家很少叫他部长，而称他"老吴"。而他也特别喜欢别人这样称呼他。

吴老去世后没有留下大额的存款，因为他把大部分收入用来帮助别人了，留给后人的积蓄仅有3万元。这笔钱除了付丧葬费和儿子搬出公房等费用，几乎没有什么剩余。不沾一"尘"地来，不沾一"尘"地去，他要让自己的灵魂不沾尘埃，这是吴老追求的人生境界。吴老以自己的一言一行实现了人生夙愿，也给自己的人生画上了圆满的句号。

王宽诚先生
勤劳创业造福桑梓的家风

1907年6月17日,一个鲜活的生命在浙江省宁波市宋严王村诞生。

1986年12月3日,一位耄耋之年的老人在北京逝世,按宁波人的算法,享年80岁。

这两件事说的是同一个人一生中最为重要的两件事。在这看似漫长却又极短的80年里,我们的主人翁从一个贫苦的农村少年,几经磨难,勤俭创业,成为一个著名的实业家,后以一个实力雄厚的资本家转变为一个以拳拳赤子之心报效祖国、造福桑梓的仁人志士。

这个老人就是著名爱国港胞、香港中华总商会原会长王宽诚先生。用他的话说,他只不过是愿为祖国效劳的华人同胞。

1984年,邓小平说:"把全世界的'宁波帮'都动员起来,建设宁波。"王宽诚先生是香港地区杰出的"宁波帮"代表之一,他从18岁起在宁波江厦街源吉钱庄打杂、学做生意,后成为一个优秀的"跑街"。30岁时,创立了宁波至上海等地的完整商运体系。1950年,他以个人名义带头捐献作战飞机一架,支援中国人民抗美援朝;为打破美帝国主义对中国的经济封锁,他在香港积极筹办战备物资,解决国内燃眉之急,以拳拳爱国之心,为国家做出了巨大贡献。

1963年,他捐资100万元人民币在家乡办了一所小学和一所中学,开创宁波帮为家乡捐资办学的先河。在以后的日子里,他不断在全国多地以多种形式捐资支持教育和科技研究。

1985年,他斥资1亿美金成立"王宽诚优秀人才留学基金会",积极资助学有成就的青年到国外进一步学习。从一个普通的钱庄业务人员到一位驰名海内外的爱国实业家,王宽诚先生以他一生所从事的事业向人们展示了如何做中国人,如何做一个真正的热爱祖国的中国人!他为后辈们做出了杰出榜样。

赚钱、创业曾是王宽诚人生的最大希望。可是当成功到来之时,蓦然回首,他发现成功的喜悦早已被人生无欲无求的心态所取代。王宽诚开始重新思考和定位一个人的人生价值。

回顾残酷的商场搏杀,王宽诚想道:个人的成功其实是微不足道的,只有当个人的成功与民族的成功、国家的成功连在一起时,才称得上是真正意义上的成功。1985年,斥巨资成立"王宽诚教育基金会"成为他事业取得成功之后造福桑梓的又一个人生追求。王宽诚先生用他自己的实际行动感召着无数华夏子弟为国争光,为国奉献。

与无数海外赤子一样,王宽诚先生对自己的家乡怀有眷眷深情。早在20世纪60年代初,他就有办学校、办医院的打算。1985年,当他向人们解释为何将捐资兴办的中小学校命名为"东恩"时,他慨然地说:"命名'东恩'就是为了纪念毛泽东和周恩来。"王先生对两位革命伟人怀有深深的感情,经历新中国成立前后截然不同的两个社会,他感到没有毛泽东、周恩来等革命先辈带领全国人民为之奋斗,就没有现在的中国。

王宽诚先生热爱祖国,为国家的繁荣昌盛尽一己力。他积极在内地投资、认购国库券,对内地的改革、开放、发展国际贸易,贡献了毕生精力。王宽诚先生对事业兢兢业业,艰苦奋斗;对朋友、对同事宽厚真诚,乐于施善,慷慨助人;自己却节俭朴素,从不宽懈,在国内外享有崇高信誉。王宽诚先生的一生是追求真理、热爱祖国的一生。他曾说过,"我岁数大了,就是想为国家多做贡献,其他无所挂念"。

1984年6月,王宽诚先生在亲属面前语重心长地说:"财产留给子女是最愚蠢的行为,我年将八旬,趁我精力还不衰,愿为培养人才方面多做些事……"纵观王宽诚先生从20世纪60年代到80年代所捐的巨款,足以证明王宽诚是怎样想的就是怎么做的。

然而,他对自己的生活却近乎刻薄,节俭得常令人难以理解。他居住在香港时从不摆阔气、不讲排场;汽车型号也属普通型号;饮食只要可口,不求高级。他最厌恶浪费,一次在宁波设家宴时,一再告诫办事人员,只求经济实惠,不讲形式,而他自己面前只备了两小盘乡土小菜,吃得津津有味。对己处处精打细算,待人平易可近,而素昧平生的人有所求时,他会于百忙中亲笔作答。曾有一位庞姓大学毕业生希望自费出国深造,但无力负担,王宽诚先生得知他品学兼优,又通过宁波的亲属了解实际情况以后,便出资帮助他出国深造,还安排他到美国麻省理工学院对口专业就读。对亲友中子女无力升学的、贫病乏医的,他都愿意给予帮助。但他助人有一条宗旨,至爱亲朋若索消费物品,或想长期依赖、贪得无厌的,则一概婉拒,并谆谆教导:人贵自力更生,奋发自强。

王宽诚生活俭约,待客却很讲究。如各省市团体去香港访问,先生大多会邀请宴叙,有时还会把家藏十余年的醇酒飨客,而自己却滴酒不进,对从家乡来的客人更是亲切热情。

王宽诚先生在个人生活中如此节俭,支援家乡和国家的教育事业却那样慷慨,这不仅反映了王宽诚深厚的故乡情结,也闪烁出一种不朽的精神——中华民族勤劳俭朴、艰苦创业的精神。

王宽诚先生逝世以后,香港幸福集团由其侄媳孙弘斐接班。作为王先生的后人,孙小姐深知王宽诚治家治业的做派,她同样传承着老太爷(孙小姐对王宽诚的尊称)的勤俭创业、造福桑梓的家风。例如在王先生逝世后，东恩中学校长为更好地纪念王宽诚先生，就向孙小姐建议，在东恩校园里塑造一尊王宽诚先生的塑像。孙小姐听后，立即委婉谢绝，说："太爷在世时，一直十分自律，不喜张扬，这塑像就免了吧。"直到现在，东恩中学的校园里也没有王先生的塑像。

在王宽诚先生90周年诞辰的纪念活动中，按照宁波市政府的嘱托，由市教育局拨资在东恩中学筹办展览。时任东恩中学校长还千方百计购得一幅甬籍国画名家画的山水画送给孙小姐以作纪念。孙小姐在接受学校赠送的礼品后深情地说："你们的情我们领了，我们倒是希望以后看到东恩学生亲自创作的书画作品，这样更有意义，也可节省一笔开销。"从这以后，每年孙小姐带领王先生亲属来甬祭扫，都会顺便看望东恩师生，学校会以东恩书画社学生的书法和国画作品作为礼物赠送给孙小姐。孙小姐这样的做法，一直延续到她的儿女辈王凯彦、王彭彦、王绛彦。在王宽诚100周年诞辰纪念活动中，王宽诚家属要定做一批礼品赠送海内外的友人，礼物是一把折扇。宁波市有关部门十分重视，按常规，折扇的两面分别是名人书法和国画，其中一面由时任市委书记亲自书写书法，另一面特邀甬上著名山水画家画一幅以鼓楼为主题的作品。这样的安排既突出了领导的重视，又表达了浓浓的乡土情结。事后征求孙小姐的意见，孙小姐仍坚持国画一定要用东恩中学学生的作品。她对如何创作这幅画提出了一些建议，意思是能充分体现王先生生前关心家乡教育事业、造福桑梓的精神。当时有老师根据此提议构思了一个画面：用盛开的紫藤花作主要背景，两只小燕子飞过花间，在右边补上一棵苍劲的松树以象征王先生的精神。孙小姐对此构思表示满意。最终，由东恩书画社的学生完成这幅画，永远留在了作为礼品的这柄折扇上。

王宽诚先生逝世后，他的坟墓由北京八宝山墓地迁至宁波东钱湖畔。

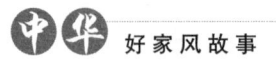

遵循王先生生前的嘱告,孙小姐把原计划做墓地的50万元人民币费用节省了25万余元,并把这笔钱捐给东恩中学建造宽诚图书楼。不久,在得知东恩中学因城市改造准备迁往原宁波中学时,又慷慨解囊,捐资100万美元新建宽诚体育馆。

在以后三十余年间,王宽诚先生的后人在宁波市先后捐资建造了宁波市效实中学体育馆,在宁波大学设立了"王宽诚教育奖金"。在中国科学院、南京紫金山天文台举行的"王宽诚星"命名仪式上,孙小姐代表王宽诚先生的家属,捐资500万元人民币用以资助宁波的科学研究。

自1985年出资1亿美金创立"王宽诚教育基金会",统计数据表明,至2006年有4000多位学者得到资助。除此之外,自1987年以来,在"王宽诚教育基金会"各成员的直接关心和支持下,中国科学院与"王宽诚教育基金会"建立了培养高层次科技人才的合作关系。20多年来,"王宽诚教育基金会"与中国科学院合作,先后设立"中国科学院王宽诚教育基金会奖贷学金""中国科学院王宽诚科研奖金""中国科学院王宽诚博士后工作奖励基金"、中国科技大学"王宽诚育才奖"、紫金山天文台"王宽诚行星科学人才培养基金"等多项基金项目,为加快我国科技人才的培养,为鼓励海内外优秀学者、博士后人员到中科院从事科学研究,为祖国科技事业的发展做出了巨大贡献。中国科学院已有近2500名科技人员获得总计约合人民币1亿元的资助。这些科技人员饱含着对王宽诚先生的感激之情,时刻牢记着王宽诚先生的殷切期望,奋发进取,不懈努力,在科技创新的征途中谱写出一曲曲新时代的爱国奉献之歌。

如今,王宽诚的儿孙辈不仅接过香港幸福集团的经营重任,也把王先生生前造福桑梓的家风进一步延续。创建于1985年的东恩中学"王宽诚教育奖金"至今已达30多个年头,激励了5000余名东恩学子努力学习,他们积极为实现中国梦而奋发在各条战线上,成为中国特色社会主义建设事业的一员。

　　王宽诚先生虽离我们远去了,但他爱国爱乡、造福桑梓的崇高品质,仍为家乡人民所深深敬仰和怀念。

漫画大师张乐平的慈爱家风

张乐平是一位享誉国内外的著名漫画大师,有点年纪的人们都知道,他创作了以"三毛"为主人公的《三毛流浪记》《三毛从军记》等系列儿童连环漫画,他笔下的"三毛"聪明伶俐、惹人喜爱、偶尔调皮淘气。"三毛"遭遇是旧中国少年儿童悲惨命运的缩影,"三毛"这个人物,在许多中国人的心中留下了永远抹不去的印象。

1910年,张乐平出生于浙江海盐海塘乡黄庵头村。父亲张舟若是一位小学教师,一家人的生活,全凭父亲微薄的工资来维持。张乐平是兄弟三人中最小的一个。按照中国人的习惯,一般会给孩子取个乳名,张家的三个孩子,依次以大毛、二毛、三毛取名。张乐平的母亲不仅是位家庭主妇,而且是位懂得剪纸、刺绣等民间艺术的民间艺人。从小受家庭艺术熏陶的张乐平,少年时代就喜欢画画。读小学时,他遇上一位好老师,在老师指导下,张乐平创作了生平第一张漫画,讽刺了当时的军阀曹锟,在当地名噪一时。小学毕业后迫于生活,15岁的他到上海一家木行当学徒。在旧上海,当学徒就是受苦受难的同义词。张乐平在木行白天晚上都要干活,但他对画画的爱好却丝毫没有改变。后他因故离开木行另谋生路。也进过私立美术学校学画画,由于经济状况,不久又到印刷厂当练习生,给广告公司绘制广告画和加工来稿,也为教科书画插画。后来又进三友实业社当绘图员,画过一些时装设计。这段时期的画画经历，为他后来成为著名的漫画家打下了重要的基础。

1929年，张乐平开始向上海各报纸投稿，经常在《时代漫画》发表漫画作品，初露头角，成为上海漫画界比较有影响力的一员，多家报纸杂志刊登过张乐平的漫画作品。

张乐平夫妇有7个子女，还先后收养过许多孩子，帮助这些孩子度过了人生中最困难的岁月。据他长子回忆，父亲收留的孩子多时达14个。张乐平长子读小学时，班里有个同学举目无亲，无家可归，父亲便热心地收留了他。电影演员上官云珠"文革"时期被迫害身亡后，她的两个女儿成了张乐平一家的亲人，张乐平夫妇待她俩如亲生女儿一般。

张乐平先生一直有一颗伟大的慈爱之心，不管是亲生的还是收养的"永为孩子"。张乐平先生一生中大部分的作品是以孩子为题材，他说："我是画漫画的，画了许多儿童漫画，也画了不少成人看的漫画，大家总喜欢称我为儿童漫画家，我也乐意接受这个称号。有人问我，你的儿童漫画为什么小孩子这么喜欢看，我想来想去，觉得没啥诀窍，就是有一点，我爱孩子。"

身为漫画大师的张乐平日常生活十分朴素。由于孩子多，生活十分拮据，但他从来不会说苦。张乐平夫人冯雏音，出身于书香门第，十分理解丈夫的慈爱之心，因此十分支持丈夫对孩子们的关心与爱护。由于上海房租贵，消费水平也高，张乐平就靠画画投稿所得的稿费来支撑生活。一家人住在近三十平方米的亭子间，因为人多，晚间只用几条布帘相隔，起居生活很不方便，但张乐平从未有一句半言的抱怨。那么多孩子相聚而居，难免有些纠葛，但张乐平先生一直是笑呵呵的，说说这个，摸摸那个的头。据其儿子回忆说："父亲的菩萨心肠，使得我们那么多小孩间也没有什么相骂好吵，都嘻嘻哈哈，和睦相处，这似乎成了一种风气。"

在张乐平夫妇一串长长的"编外"孩子名单中，有一个人们熟知的名字——三毛。这位知名的台湾女作家因为酷爱《三毛流浪记》中的小三毛，才把自己的笔名改为"三毛"。1989 年，台湾三毛千里寻"父"，两岸"父女"相见，成为文坛佳话。三毛去世后，张乐平一直没能从打击中恢复过来。说起这桩事情，张乐平先生的长子回忆说："我只知道，有一位素不相识的阿姨，常常写信给父亲，记得有一天她来到我家看望我父亲，见到我父母后，这位阿姨一下子跪在地上，流着泪说：'三毛我回来了！'哭得很伤心。后来我才知道她就是著名的台湾作家三毛。"

说到张乐平先生创作儿童漫画《三毛流浪记》的初衷，这里有一段真实的亲身经历。新中国成立前的上海，每逢冬天，一早就会出现一个收尸人，把冻死、饿死在大街上的尸体收走，其中多数是孩子。有一年冬天，张乐平回家经过乌鲁木齐路一带，看到七八个小孩光着脚，身上只披着一些破麻袋布，围在一个由柏油桶改成的烘番薯的炉子周围，把一双双手伸进尚存余热的炉子中取暖。当时，张乐平一家生活很艰难，他只能看在眼里。第二天早上，他又经过这里，看到有两具小孩的尸体没有被收走，心里真是难受至极，一下子有一股说不出的愤怒，又感到十分自责，觉得自己要是把这些小孩领回家里，他们也许就不会被冻死了。后来，他就发心要以旧上海流浪儿的悲惨遭遇为题材，画一本《三毛流浪记》。张乐平先生是怀着这份沉甸甸的社会责任感去完成这本儿童漫画的，画完后就在上海《大公报》上连载。这些作品发表后，引起了强烈的社会反响。这一时期，张乐平的漫画作品大胆反映深刻的社会矛盾，是个十分有担当的漫画家。在宋庆龄的支持下，1949 年 4 月，张乐平举办了三毛原作画展，义卖三毛原作及其他美术作品，筹款创办"三毛乐园"以收容流浪儿童。

张乐平先生以慈爱友善为怀的家风深深地影响着他的子女，不管是亲生的，还是领养的。张乐平先生的这份可贵而友善之心，使这个特殊家庭既充满人情味又亲善和睦。

张乐平先生的长子回忆起儿时的生活时，最有感触的一句话是父亲教育他们从小要有同情心，要有人情味，为人友善才是做人的大道理。20世纪50年代，上海电影制片厂曾经拍摄过一部根据漫画《三毛流浪记》改编的同名电影，电影放映后引起强烈的社会反响。饰演流浪儿三毛的演员王龙基回忆起张乐平先生时说："张先生就是一位慈父，他爱所有的小孩，在他心中，就是希望孩子们有一个共同的家，希望有一个所有孩子都有饭吃、有衣穿、有处玩的地方，这就是先生办三毛乐园的原因。"

新中国成立后，张乐平的工作条件得到了很大的改善，创作了不少反映三毛过上幸福生活的连环儿童漫画。他在漫画艺术上的不朽成就，享誉海内外。当时有不少海内外的艺术品收藏家纷纷想高价收藏他的作品，但张乐平先生都一一婉言谢绝。有人问他，你的生活并不宽裕，为何不把原画稿卖掉呢？张乐平先生笑着回答说："我一生都是为儿童而画，就让这些画稿继续为现今的少年儿童服务吧！"这也印证了张乐平先生早早就定下的心愿——"永为孩子"。

张乐平先生逝世后，其夫人和子女传承张先生慈善爱人的精神，为社会、国家及贫苦儿童做了大量捐赠工作。

成就音乐家马友友的马氏家风

2017年7月的一天,世界著名音乐家、大提琴家马友友的姐姐马友乘博士,携纽约青少年交响乐团来到她的故乡宁波,在文化广场剧场做了精彩的返乡巡演。这期间,马友乘不时与家乡父老见面叙旧,与家乡的琴童、音乐工作者进行交流。

这场音乐会开始前,马友友发来了祝贺视频,他说纽约青少年交响乐团是他父亲和姐姐两代人倾心打造的一支乐团,感谢家乡人民的热情,并祝愿大家在音乐中度过一段快乐的时光。交响乐团演奏完世界名曲之后,又演奏了富有宁波文化特色的《马灯调》,清脆、活泼的"马灯调"一下子拉近了乐团与听众的音乐距离,也拉近了中美音乐文化的距离。据说这是马友乘博士特意编排的。由此,可联想到马友乘、马友友姐弟两位世界著名音乐家的良苦用心。

在音乐会的媒体见面会上,马友乘分享了她与弟弟马友友小时候的趣事:因为父亲比较严肃,小时候姐弟俩曾约定,当父亲快要发脾气的时候,一个人马上拉琴,通过琴声弹奏出"救命,救命"的声音,另一个人听到琴声后就赶紧过来救场。

纽约青少年交响乐团是马友乘、马友友的父亲在1962年创立的音乐团体,旨在通过交响乐这一载体,让广大喜欢音乐的青少年有一个自己的乐园。美国前总统肯尼迪的女儿卡罗琳·肯尼迪、著名小提琴家艾萨克斯·特恩的两个孩子都曾是纽约青少年交响乐团的成员。在见面会上，马友乘向乡亲们介绍："我出生在法国，10岁到美国。当时的美国孩子很少练琴。在中国和法国，老师和家长对不好好练琴的孩子是可以打骂的，但在美国是不能打孩子的。我父亲在乐团中常用鼓励的方法，从不责罚打骂孩子。对于在乐团里好好练琴的孩子，父亲往往将他们排在乐团的前面。小孩子都喜欢在演出时排在前面，因为这样可以让自己的父母亲和亲朋好友看到自己的表演。而排在后面的孩子，他们会问我的父亲，为什么把他们排在后面。我父亲会微笑着对他们说：'上进的孩子可排在前面，不自觉练琴的孩子只能排在后面。'这样一来，那些想排在前面的孩子，就会很自觉地练琴。这个方法很管用，所以乐团里的孩子学习就会比较自觉，谁练得好，谁练得自觉，谁就可以排在前面。同时，也把家长们的难题解决了。"

1984年，婚后的马友乘继承了父亲的衣钵，接手纽约青少年交响乐团。马友乘说，父亲退休前想把乐团交给弟弟，但弟弟因演出太忙没有继承父亲的衣钵。而当时的她是住院医生，每天工作10多个小时，也无法接手乐团，直到1984年才接手乐团，并立志要将父亲的音乐教育理念传承下去。

马友友是纽约青少年交响乐团的常客，他经常教乐团的孩子拉琴。该乐团是一支由马友友家族一手打造起来的值得家族骄傲的团队。现在，纽约青少年交响乐团就像常青藤大学的一所预备学校，大约四分之一的孩子长大后能申请就读常青藤大学。

马友友、马友乘能成长为顶级国际知名音乐家，这不得不说是他们的父亲马孝骏良好家教的结果。

马友友的老家在宁波鄞州区咸祥镇。父亲马孝骏是民国时期第一批去西方留学的音乐家，在国立中央大学艺术系曾师从马思聪。1936年，赴法国巴黎留学获音乐教育博士学位。1947年，从法国回国任中央大学音乐系教授，后与来自香港的"国立中央大学"艺术系学生卢雅文结婚。当时，卢雅文在法国音乐学院学习声乐，她的梦想是成为一个歌唱家。在巴黎这个充满人文气息的艺术之都，这两个学习西方古典音乐的中国人结婚了，婚后生下两个音乐神童：长女马友乘和儿子马友友。考虑到孩子的成长和今后的发展，他们选择留在法国。在父母的熏陶下，马友友4岁开始学习大提琴，姐姐马友乘学的是小提琴。马友友7岁时随父母一起来到美国纽约，当年就成了名。1962年11月29日，这是一个令他一生难忘的日子。这一天，初来乍到的马友友和姐姐马友乘与著名音乐家里奥纳德·伯恩斯坦以及纽约爱乐乐团同台演出，一鸣惊人，台下五千名观众包括肯尼迪总统和他的夫人毫无保留地将热烈的掌声送给这对来自东方的音乐神童。第二天，《华盛顿邮报》刊登了这次音乐会的评论，也并排刊登了7岁的马友友抱着大提琴的照片和美国第一夫人的照片。

随着岁月的流逝，马友友的大提琴演奏水平越来越高，成为世界著名的顶级大提琴家。顶着国际知名音乐家光环的他却有着非常平实的人生观，他认为自己首先是一个人，其次是音乐家，最后是大提琴家。尽管在音乐上的成就已经少人能及，但是谦虚善良有梦想的他仍致力于为古典音乐开创一条全新的路。

2010年8月，马友友接受《新纪元》栏目的专访。记者问道："您从小学习西方古典音乐，那有学习中国音乐吗？""有的，我的父亲是音乐教育家，他从小就教我和姐姐学习中国音乐、民歌，中国音乐是我从小接受音乐教育的一部分。"马友友还说："中国文化对音乐的诠释非常特别，反映了音乐对人的精神的巨大影响，这也是我对音乐的看法。在音乐里，声音就是能量，能量就如'接触'，我们都知道，接触对治愈非常重要。即使一个不会说话的人，你去握住他的手，给他安慰，或用温柔的声音与他对话，像对待一个年迈的老人或病人或一个新生的婴儿，都将给他的生命带来巨大影响。现在很多人谈论音乐对人的治愈作用,我想音乐不但能抚慰一个人的心灵,还能起到治疗的作用。"

当记者问他:"电影《卧虎藏龙》中的音乐,您的演奏表现了中国人含蓄深沉的感情,打动了很多观众。对于一直生活在西方国家的您,是怎样进入中国人的内心感情世界的?"马友友十分平淡地回答说:"这跟我的家庭背景有关,我的父亲是一个很会讲故事的人,我从小听他讲故事,三国志、诸葛亮、曹操,多得数不完。中国古典文化和价值观从小根植在我的心里,如儒家的仁、义、礼、智、信、忠、孝,道家的思想,佛家的理念。虽然我从没在中国生活过,但是中国的传统文化和价值观一直是我生命的一部分。"

马友友姐弟的成长,在很大程度上与其父亲马孝骏不知疲倦地、执着地对他们进行中华传统文化教育分不开,是深厚的中华优秀传统文化成就了他们。

诗书传家、乐善好施的贝氏家族

中国有句老话:"富不过三代,穷不过五辈。"然而,在苏州却有一个绵延600余年、传承十五代的贝氏家族。

古语有云:"道德传家,十代以上;耕读传家次之;读书传家又次之;富贵传家,不过三代。"贝氏家族先人始终坚持"欲高门第多行善,欲好儿孙多读书"的理念,使贝氏家族历经十五代而不衰。

世界著名建筑设计师贝聿铭,美籍华裔,原籍苏州市,贝氏家族第十五代传人。据贝聿铭传记记载,贝氏族人明朝从浙江金华兰溪迁移至苏州定居,乾隆年间因经营中药业成为苏州四富之一。贝聿铭的祖父贝哉安是当时著名的"金融大亨",参与创办了上海银行,还协助创办了中国第一家新型旅行社——中国旅行社。贝哉安的五个儿子、四个孙子也都从事金融事业,其中最负盛名的是贝哉安的第三个儿子即贝聿铭的父亲贝祖诒。贝祖诒出任过中国银行副总理和中央银行总裁。1948年,贝祖诒到美国担任驻华盛顿中国技术代表团团长。

富而不骄，乐善施好

古往今来，富裕的家族有很多，但难得的是富而不骄、乐善好施，能这样做的，才算是真正的名门望族。

贝聿铭的叔祖父、上海"颜料大王"贝润生认为，"以产遗子孙，不如以德遗子孙，以独有之产遗子孙，不如以公有之产遗子孙"，并以这样的想法做公益。他把自己花巨资修缮一新的狮子林（苏州四大古典园林之一）供全体族人享用。园内设立了贝氏祠堂，并在旁边捐资建立了贝氏承训义庄，以赡养、救济族人。贝润生还与贝聿铭祖父贝哉安共同捐资，在苏州城里开办了中国第一个新式幼稚园，为苏州的公益事业和慈善事业做出了巨大贡献。

新中国成立前夕，孔祥熙一人卷走了一亿三千万美金，而身为中国银行总裁的贝祖诒，远走美国之时却没拿走一分公款。这些优秀品质，正是贝氏家族得以兴旺十几代的真正原因。

诗书传家，重视教育

贝哉安很早便中得秀才，20岁的他已成为苏州学府的贡生。后因父亲去世，他只得挑起家族重担，打理父亲留下的大批产业。

贝哉安重视子女教育，儿子贝祖诒毕业于苏州东吴大学唐山工学院，孙子贝聿铭先后在麻省理工学院和哈佛大学就读建筑学。而贝聿铭四个子女中的三个儿子和父亲一样，毕业于哈佛大学，从事建筑业，女儿在哥伦比亚大学攻读法律，个个学业都十分出色。

贝氏一代一代后人能如此兴旺，和贝氏家族重视文化教育分不开。

贝氏家族自古有一条家训："诸子孙务令勤读，设有上进居官者，切勿以资财为重。"这条家训意在教导子孙勤奋读书，考取功名，若是步入仕途，切不可太过在意钱财。

"以读书为重"是贝氏家族一直恪守的准则。为了鼓励族人读书，贝氏家族还专门设立助学金，资助家族中的贫困孩子读书，对考取功名的族人予以丰厚奖励。如中国近代机床与工具制造工业的开拓者，贝氏十五世族人贝季瑶便是依靠贝氏家族的助学金得以完成学业的。同样因为得到族人资助完成学业的还有贝润生。捐资助学成了贝氏家族不变的传统。

据相关资料记载，受助学金资助完成学业的贝润生，尽管在颜料产业赚了很多钱，但生活上依然粗茶淡饭，十分节俭，而对于公益慈善事业却常常倾囊相助。

文化通婚，顺应时势

与当今人们重视"有车有房"的婚姻观不同，贝氏家族在婚姻问题上选择与文化世家通婚，这样有利于保留良好的文化基因，也有利于培育更优秀的下一代。

贝聿铭的母亲是清朝最后一任国子监祭酒的女儿庄氏，擅吹笛子，虔心向佛，1930年患癌症去世。后贝聿铭的父亲又娶江南名媛蒋士云，为贝聿铭的继母。蒋士云是当年北洋政府外交官蒋履福的女儿，从小天生丽质、聪颖好学。10岁时被家人送往上海读书。12岁时，随父亲赴北京，在英国人办的学堂里学习英语。16岁时，随父母远赴欧洲，在法国巴黎留学一年，在熟读英语的基础上初通了法文。

贝聿铭娶的也是大家闺秀陆书华。陆书华的父亲是麻省理工学院毕业的工程师，陆书华从上海中学毕业后，前往美国读本科，以此机缘与贝聿铭相识。

贝氏家族早年间就十分"识时务",苏州解放后,贝氏族人就把在苏州的大部分财产上交给当地政府,比如银行、电力、燃油和染料的经营权,还有大名鼎鼎的苏州古典园林狮子林和位于上海法租界南阳路170号的贝家花园。

贝聿铭的九姑贝娟林与她丈夫曾在上海请人设计建造了一座豪宅,即被称为"远东第一豪宅"的"绿房子"。"文革"时被抄没,"文革"结束落实政策时,归还给贝娟林,结果贝娟林以一句"不要了"轻易谢绝。这对大多数人来说,是难以置信的。

延续传统,传承文化

美国国家艺术馆、肯尼迪图书馆、香港中银大厦、法国卢浮宫金字塔、家乡苏州的博物馆等都是建筑大师贝聿铭的经典之作。

很多人认为,这位昔日的中国小生能成为世界著名大师,与其显赫的家族文化分不开。譬如,他的叔祖贝寿同是中国第一个到西方学建筑的学生,设计了不少大作。贝家的老宅在苏州狮子林,那里曾是贝聿铭小时候与族亲一起玩耍的旧地,深厚的历史文化给了他几多天才的设计养分。"创意是人类的巧手和自然的共同结晶,这是我从苏州园林中学到的。"功成名就的贝聿铭如是说。

陶渊明笔下别有洞天的"桃花源",曾为贝聿铭设计山洞和桥带来灵感。贝聿铭曾这样谈自己的设计理念:"最重要的是如何解决建筑物与自然环境之间的协调,其次是如何将现代与传统融合。虽然这一建筑建于现代,但我有责任传承千百年发展而来的传统。而事实上,这两者也是相关的。"

作为一个商业世家的后代,贝聿铭一直谨记父亲贝祖诒的一句话:优秀建筑的精髓不仅在于构思伟大的建筑物,而且要使它们与金融和经济要素有效地联系在一起。

综观贝氏家族的历史,贝氏家族的辉煌传奇主要得益于"诗书传家,乐善好施"的家教与优良的家族文化。

"不能搞特殊化"的焦裕禄家风

1964年5月14日,焦裕禄被肝癌夺去了生命,年仅42岁。他临终前对组织唯一的要求,是"把我运回兰考,埋在沙堆上,活着我没有治好沙丘,死了也要看着你们把沙丘治好"。

焦裕禄病故后,中共河南省委号召全省干部学习焦裕禄忠心耿耿为党为人民工作的革命精神。1966年2月7日,《人民日报》发表长篇通讯《县委书记的榜样——焦裕禄》,全面介绍了焦裕禄的感人事迹,同时刊登了社论《向毛泽东同志的好学生——焦裕禄同志学习》。随后,《人民日报》及全国各种报刊先后刊登了数十篇文章,在全国掀起了一阵学习焦裕禄的热潮。

焦裕禄何许人也?为什么病故的他能引起这么大的社会反响?2014年3月17日,习近平来到焦裕禄生前工作过的地方——河南兰考县参观焦裕禄同志纪念馆。参观结束后,习近平说:"焦裕禄'牢记宗旨、心系群众、勤俭节约、艰苦创业、实事求是、调查研究、不怕困难、不惧风险、廉洁奉公、勤政为民'的精神,正是我们要学习的'焦裕禄精神'。"焦裕禄的42年人生正是这一精神的最好体现。

焦裕禄早年参加革命,1962年12月,受组织调动至兰考县任县委书记,带领当地人民进行封沙、治水、改地的斗争。工作期间,焦裕禄身先士卒,以身作则。风沙最大的时候,他带头去查风口、探流沙;大雨瓢泼的时候,他带头踏着齐腰深的洪水察看洪水流势;风雪铺天盖地的时候,他率领干部访贫问苦，登门为群众送救济粮款。他经常钻进农民的草庵、牛棚，同普通农民同吃同住同劳动，把群众同自然灾害斗争的宝贵经验一点一滴地积累起来，成为全县的共同财富，成为全县人民战胜灾害的有力武器。焦裕禄对同志对人民总是那样满腔热情，他常说，共产党员应该在群众最困难的时候，出现在群众的面前；在群众需要的时候，去关心群众、帮助群众。他心里装的是全县的干部群众，唯独没有他自己。他经常肝区痛得直不起腰、骑不了车，即便这样，他仍然用手或硬物顶在肝部，坚持工作、下乡，直至被县委强行送进医院。

焦裕禄是一位好县委书记、党的好干部、人民的好儿子。他对待工作是这样的严格和忘我，那他又是怎样对待家庭和子女的呢？

曾令女儿委屈不满的"家风"如今是她的骄傲

"书记的女儿不能高人一等，只能带头艰苦，不能有任何特殊。"时隔50年，焦裕禄女儿焦守凤回忆起父亲当年的教育，说曾令她委屈不满的"家风"如今是她的骄傲。

当时，焦守凤正值初中毕业，因没能考上高中，兰考几家单位提出为她安排工作，话务员、教师、县委干事……一个个体面的职业让年仅十几岁的姑娘心花怒放，但很快被父亲泼了冷水。

"县里头好地方干部子女不能去，俺爸规定的。"焦守凤清楚记得，父亲把她领到食品厂，叮嘱厂里不能因为自己而给女儿安排轻便活。秋天腌咸菜时，焦守凤经常一天要切上一两千斤萝卜。更怵的是辣椒，一天下来手都会烧出泡，晚上疼得睡不着觉，只能在冷水里冰着。

"那时候，我对父亲很有意见，认为对我太不公平。"焦守凤为此生了很长一段时间的闷气，对父亲的理解从他去世后才真正开始。

1964年，焦裕禄病重不起，五个弟弟妹妹年纪尚小，19岁的焦守凤被叫到病床前。

"他说没为我安排个好工作,死后也没有什么留给我,只有一块伴他多年的手表留给我当作纪念。"让焦守凤铭记在心的是,父亲要求自己不能向组织伸手。

父亲的这份嘱托,让她的母亲徐俊雅吃了很多苦。在很长一段日子里,一家老小全靠徐俊雅每月 50 多元的工资和 13 元补助生活,兰考的焦家小院里常年摆满了破布和旧衣裳,浆洗后缝补成保暖的衣装。

严律成为儿女诚心秉持的人生信条

身为县委书记,焦裕禄几乎没有留下什么遗产。即便活着的时候,有着不算低的工资,可他周济东家贴补西家,没给家里留下多少钱,也没有带给孩子宽裕的物质条件。

"我父亲没有啥财产,从尉氏搬到兰考时,除了行李和被褥,就是一些炊具,一辆大卡车什么都没装。"大儿子焦国庆也很少沾县委书记家属的"风光",一次看白戏的经历让他成为众人皆知的"焦点"。

到兰考不久,正上四年级的焦国庆听见与县委一墙之隔的剧院锣鼓叮当响,他好奇地从后门溜进去,告诉剧院工作人员自己是焦裕禄的儿子,然后没有买票就进去了。回家后父亲狠狠地训了他一顿,那是他记忆中最严厉的一次。

"父亲对我们要求非常严格,凡事不能搞特殊。"焦国庆回忆起小时候自己很调皮,放学后总在县委办公室闲逛,工作人员不敢管,父亲得知后干脆举家从县委家属院搬了出去。

"带头艰苦,不搞特殊。""工作上向先进看齐,生活条件跟差的比。"曾让儿女们委屈和不满的家训,后来却成为他们诚心秉持的人生信条。

焦国庆 17 岁参军,在山沟的农场劳动了 4 年,转业后进入税务局,没有做出多么荣耀的业绩,但几十年来工作勤恳、老实本分。

经过食品厂磨炼的焦守凤,面对单位两次分房,她都坚决拒绝。"晚上回来能有张床睡觉,那就是好的,我不要求有多好的条件。"当待业的女儿希望托关系找工作,她像父亲当年一样断然拒绝:"老子是老子,你是你,各人的路各人走。"

焦跃进是焦家唯一一个走上政途的,先后做过兰考县东镇头乡党委书记、杞县县委书记等,后任开封市政协主席。虽然父亲去世时他年纪尚小,但母亲延续了父亲的教育风格。

"老焦有一句名言,蹲下去才能看到蚂蚁。你得跟你爸爸一样,跟群众打成一片,特别是调查研究,你爸爸做得很突出。"焦跃进经常从母亲口中听到这些话,他把父亲当作榜样,"爸爸的精神既是精神财富,也是鞭策我的动力,我绝不能给他老人家脸上抹黑"。

"修身齐家治国平天下",在中国传统文化中,家风敦厚尤显重要。为兰考人民"鞠躬尽瘁,死而后已"的焦裕禄,从小就教育孩子们热爱劳动,艰苦朴素。但是在儿女的心里,记得最清楚的一句话是——"千万不能搞特殊!"

焦裕禄的"千万不能搞特殊"的家风,不仅传承至儿女辈,也传至外孙辈。中国歌剧舞剧院著名男中音歌唱演员余音是焦裕禄的外孙。他在歌剧《焦裕禄》中担任了重要角色,用歌剧的形式来歌颂他的外公焦裕禄的精神。当他接受记者采访时,他说道:"外公,作为一个亲人,他始终把不搞特殊化当作一把戒尺放在心里,我作为一个党员,就应时刻恪守这条家规,做一个好党员,做一个好演员,一定把这好家风一代一代传下去。"

简简单单的几个字,并不惹眼,但这条家训却成为焦家后代牢记的信条。在生活中,"焦裕禄的孩子不搞特殊"就像一把尺子,度量着他们的日常行为。"不能搞特殊"的焦氏家风已成为一座无私奉献的精神丰碑。

南浔顾氏
"得诸社会,还诸社会"的好家风

地处杭嘉湖平原北部、太湖之南的南浔,是一座有着700多年历史的古镇,南宋以来便是"耕桑之富,甲于浙右"的"水路冲要之地"。走入镇里,粉墙黛瓦、重檐翘角、曲水环绕、清波涟涟,一一映入眼帘,令人目不暇接。南浔古镇上有一种"风凉夜话"的习俗,即晚饭过后,吹着河边的凉风,老人们会一边摇着蒲扇,一边给孩子们讲述古镇里曾经发生过的故事。而近百年来南浔首富"得诸社会,还诸社会"的家风成了"风凉夜话"常说的话题,从小听这些故事长大的孩子们便将做人做事的道理记在了心里。

说到南浔首富顾氏家族,还得从顾福昌说起。顾福昌,人称"顾六公公",出身贫寒,艰苦创业,诚信经营,以经营顾丰盛丝行起家,依靠自身的努力,在数十年间,从一个小商人发展为丝业领袖,成为南浔丝商的领头羊,不久扎根上海滩,成为上海呼风唤雨的人物。在中外商人心目中,"顾丰盛"就是优质和诚信的代名词。在以后的很长一段时间里,大家都以"顾丰盛"称呼顾福昌及整个顾氏家族。

关于顾家是怎样致富的,南浔还流传着这样一个故事:

南浔镇西栅有一爿小小的"顾丰盛布庄",老板顾春池惨淡经营,只能维持一家的日常生计。那时,南浔有不少人做起了辑里丝生意,顾春池也想改行经营蚕丝,却苦于没有资本。

清明那天,一个叫赵连庆的乡民匆匆走进店门,神色焦急:"顾老板,我儿子得了重病,急需银钱撮药,求你帮个忙。"

"连庆,我做小本生意,手头也紧……"

这时,只见连庆从衣袋里摸出一只小小的元宝来:"顾老板,这是我家祖传的金元宝,我把它抵押给你,你借我四百个铜板吧。"顾春池接过元宝一掂,沉甸甸的,金黄锃亮,不觉疑惑道:"你既有这锭金元宝,为何不到当典去当?"

"如果拿到当铺去当,至少能当几千吊铜钱,就担心自己手一松把钱都花了,以后拿什么去赎?我是相信你才把它抵押给你,日后必定要来赎回的,你有什么不相信的?"

顾春池一想,觉得他说的也不无道理,于是就凑了四百个铜板给他,收下了金元宝。赵连庆约定两年后来赎取。

晚上,顾春池躺在床上,心里又盘算着如何设法筹些本钱做丝生意的事。忽然想到赵连庆抵押给他的金元宝,何不以金元宝去押当?这只金元宝价值至少四千吊铜钱,有了这笔本钱,不就能做丝生意了。

第二天一早,顾春池拿着元宝来到同泰当铺,当得铜钱四千吊,当期为两年。顾春池得了这笔资金,立刻收购大量辑里丝。

谁知,黄昏时分,当铺伙计汪朝奉火急火燎地赶来:"你怎么可以拿个假元宝来当?存心要害死我啊!"顾春池一听,只觉脑子"嗡"的一声:"什么?这元宝是假的?""是啊,这是一锭黄铜元宝,我是相信你多年老朋友啊,没有仔细验货就收进了。你快随我到当铺去,交还四千吊铜钱吧。"顾春池一听就跌坐在太师椅子上:"我已经把当得的钱都购丝了,哪里还拿得出来?"汪朝奉也急得双脚直跳,一把拉着顾春池便走:"你自己去和我家老板商量吧。"

来到同泰当铺,见老板还在等着,顾春池只得低声下气地恳求道:"朱老板,我实在不知道这元宝是假的,反正有当票为凭,两年后我按期按数来赎回。我有家业在这里,就算逃得了和尚也逃不了庙。"

朱老板知道顾春池现在是拿不出钱来,逼亦没用,便叫顾春池另外再写了一张详细的文约,以作凭据。

顾春池心里明白这笔钱与卖命钱一样,只能赚,不能亏。从此,顾春池起早落夜,经营丝业,精打细算,两年后居然发家致富了。

两年过去,清明将至,顾春池早早去同泰当铺把元宝赎回来,并把它供在厅堂正中的八仙桌上。

清明日一大早,赵连庆领着儿子一起来到了顾氏丝行,一进门就愧疚地低下了头:"顾老板,我是来赎元宝的,那锭金元宝是假的,原是祭祀上代祖宗用的供品元宝,为了救儿子一命……"说着,忙命儿子过来跪下拜谢,边说边捧出四百个铜板来。

顾春池一把拉住赵连庆的手,哈哈大笑:"兄弟,这元宝虽是假的,我却靠它发了财啊!"接着,顾春池把自己的故事讲了一遍,赵连庆听罢也颇觉惊奇。

故事中的顾春池就是顾福昌,这则故事所要传递的信息:一是顾福昌白手起家,靠刻苦经营发家致富。二是顾福昌是个讲诚信的商人,在经营方面有眼光有魄力。这是顾氏家族历经几百年而长盛不衰的根本原因。

顾福昌最初在南浔镇以摆布摊为业,稍有积蓄后便到震泽(现苏州吴江)开小布店,兼营蚕丝。没过多久,他关了布店,全力在南浔镇经营辑里湖丝,开设顾丰盛丝行,生意做大以后,就去上海创业。

道光初年,顾福昌只身一人去到上海寻求发展。虽然当时的上海尚未开埠,但经营能力出色的顾福昌却看到了商机,在与洋人做蚕丝生意中逐渐

站稳了脚跟。当时已有不少欧美商人前来上海通商,因中国人不懂英语,外国人也不懂中国话,交流沟通十分不便。顾福昌觉得,只有掌握了外语,才能迅速打开生丝出口的局面。于是,聪慧好学的顾福昌想尽办法与洋商往来,日积月累,慢慢学会了"洋泾浜"英语。日子长了,便能在商务活动中用英语交流,也能通译英语,成为上海早期的"丝通事"(从事蚕丝贸易的翻译)。作为丝通事,顾福昌周旋于洋商之间,在蚕丝交易中左右逢源、得心应手,生意越做越大,成为在上海最早发迹的南浔丝商。

咸丰十年(1860),湖州商人在上海召集各丝栈主,以"连同业之情,而敦异乡之好"为宗旨,成立丝业会馆。顾福昌因创办最早成为绅董。

顾福昌经营蚕丝致富后,随即购入当时上海滩唯一的外洋轮船码头——金利源码头,建造堆栈,独占上海进出口货物装卸和打包业务,身价倍增,财源滚滚。自此,顾福昌不仅是一位丝商,他的生意还包含打包服务、运输、船务等。由于他过人的精力、娴熟的英语、广阔的人脉,加上突出的经营能力,公司的经营业绩大幅飙升。除了创下殷实家业,顾福昌还为顾家立下了勤俭持家和乐善好施的家风。直至他病重,"犹谆谆告诫,俾无忘先世,总不外勤俭持家之意"。

顾福昌逝世后,南浔和上海两地庞大的顾氏家业由其三个儿子顾寿松、顾寿臧、顾寿朋继承。

顾寿松(1845—1916),顾氏家族第二代掌门人,是家业继承人中最有声望与影响的一个。顾寿松更多地继承了父亲的慷慨基因,或许作为长子的他有更多的社会责任感。

除继续从事湖丝贸易外,他还在上海十六铺扩建堆栈,独揽上海的出口打包业务。不久,又开创了顾家的实业。光绪七年(1881),顾寿松附设旗昌洋行,在上海合资开办旗昌缫丝局(厂)。1910 年,顾寿松经营的丝厂成为上海规模最大的丝厂。除经营丝厂外,他还经营传统金融业,为顾家丝业扩张提供资金支持。自19世纪50年代起,顾寿松在南浔开办过同泰钱庄,在苏州阊门开设过泰昶钱庄,在上海办过肇泰钱庄、寿泰钱庄、纯泰钱庄、泰来钱庄等,其中纯泰钱庄和泰来钱庄是当时上海最大的两家钱庄,与山西票号有几十年的业务合作,在上海金融业享有良好信誉。顾寿松经营的业务范围还有运输业。顾福昌故世后,寿松继续增资上海轮船公司和扬子水火保险公司。上海轮船公司被招商局收购后,寿松又合股开办宁波轮船公司,还投股浙江承运宁船。19世纪70年代,在湖北发现新矿后,即在湖北投资开办煤铁总局和荆门矿务总局,为入股最多者。19世纪80年代,与怡和买办张敬甫一起协助李鸿章开发山东登、莱、青、莒四府五金煤矿,后又在朝鲜投资开发矿藏。19世纪90年代,在武汉承办硝磺局。

顾氏经营的地产业业绩辉煌,最鼎盛时拥有南浔近一半地产。顾寿松在上海南市陆家浜、北市八仙桥、虹口梅家巷、北京西路牛庄路等处都有地产,在苏州、杭州也有地产。1885年,因经营受挫,顾氏将位于南京路口菜市街对面的住宅售于官府作为江苏粮道王鲁芗观察行辕。

除了经营一部分顾氏家业,顾寿松还热衷于社会公益和慈善事业,是上海慈善界的领导成员之一,曾担任过上海协赈公所首事、江浙闽粤劝经董事、上海乡约施医局董事、南浔育婴堂董事等职。1876年,苏北海州、沭阳一带遭遇"丁戊奇荒",寿松与胡雪岩等人集资赈灾,为中国近代义赈的开端。1881年,江苏江北江阴、常熟一带发生水灾,他专门成立苏州泰昶钱庄筹赈公所。1883年,捐资助上海天后宫重建,捐助浙江承运宁船等,共捐银七千两。1883年,出资捐助上海中西书院。该校于1911年迁至苏州,为现今东吴大学的前身。1891年,河北、河南两省发生大灾,李鸿章特派钦差专程到南浔募捐,顾慷慨捐银三万两。1911年,上海光复后,向沪军都督府捐助银两。

顾寿朋是一个典型的守业者,几乎不参加顾氏家族的企业经营和管理,喜好字画收藏,有后梁关仝的《山居逸乐图卷》、南唐董源的《夏山图卷》、元

朝曹云的《西山水卷》等，这些字画都称得上传世之作。

顾寿臧生有顾叔苹、顾联承两个儿子。其中顾联承遗传了祖上善于经商的基因，头脑活络，长袖善舞。面对十里洋场的纸醉金迷，他笃信佛法，是上海滩有名的居士。顾联承在继承顾氏家族的巨额财富之后，不断开拓创新，发展了原有的实业，还投资了期货、珠宝、金融、地产等行业，缔造了上海滩著名娱乐场所"百乐门"。在其产业经营获得巨大成功时，不忘先祖"得诸社会，还诸社会"的家风，乐善好施，捐地捐钱，为著名法师圆瑛建造圆明讲堂，提议资助组建上海佛教协会和中国佛教会。筹款成立"叔苹奖学金"，该奖学金至今仍为助学做出贡献。除此之外，他还积极捐资支持沪上体育事业，创建"百乐门体育会"等机构，为促进上海市民体育运动事业做出了贡献。遗憾的是，顾联承43岁时因病逝世，但他乐善好施的品格，一直为后人称道。

民国时期，盛极一时的南浔顾家曾一度衰败，顾叔苹临终前对儿子顾乾麟说："一个人不能无钱，不过，钱要赚得正大光明，得诸社会的必须还诸社会。"顾乾麟牢记父亲的遗训，经过十多年的打拼，重振了家业。经营好顾氏家业的同时，顾乾麟不忘父亲教诲和嘱告，花大力气来管理以父亲姓名命名的"叔苹奖学金"。自1940年2月至1949年2月共办了20期，获奖学金资助的学生达1100余名。

1995年10月，顾乾麟又捐资1000万元港币，成立"叔苹奖学金管理委员会"，确保奖学金颁发工作有序进行。为了扩大奖学金受惠面，又分别在清华大学、北京大学、中国人民大学、复旦大学、上海交大等20多所全国重点大学和上海、北京、湖州的37所中学设奖。至今累计得奖学生近1万人。自1940年创建以来，"叔苹奖学金"成为中国近代以来历史最为悠久、受奖学生最多、设置奖项最广的民间奖学金。

不同于其他种类的奖学金，叔苹奖学金不仅在经济上给予学生以支持，而且更注重对学生提供生活上的帮助，对考取国外留学资格的学生给予旅费、服装费，有其他需要时也给予资助。管子有句名言，叫作"十年之计，莫如树人"，顾乾麟正是以捐献个人财产与设立奖学金的义举，实践了这条至理名言。

顾家琏是顾联承的孙子，现居香港的他只要一有时间就会回到家乡，去祖辈的老宅看一看。虽然自小在香港长大，但南浔顾家"得诸社会，还诸社会"的家训却深深烙在他的心里。最让顾家感到自豪的是，顾家先人创办的"叔苹奖学金"，不仅是顾家"得诸社会，还诸社会"最好的体现，而且把善行义举的种子播向每一个学子的心田。

2018年4月15日，顾乾麟的大儿子顾家麒应邀出席"2018年北京叔苹奖学金同学会年会"。年会上，顾家麒先生讲到他父亲自传里的一段话：人的一生不能没有钱，但钱要挣得正大、用得光明，得诸社会要还诸社会。还说道，他父亲17岁弃学从商，做打包厂的实习经理。那时工厂环境肮脏，堆满棉花，空气混浊，他每天要去打包厂辛苦工作，每天只赚20元，还要赡养他的母亲。在父亲30岁时，为落实祖父遗训"得诸社会，还诸社会"创办了叔苹奖学金，帮助清贫学生接受教育。战乱时期，父亲看到上海很多无家可归的流浪儿童，便发起筹款义演，改建了难童教养所，使得流浪儿童有地方居住。父亲就是这样不忘遗训，坚持做好奖学金管理工作，坚持回报社会。说到动情处，顾家麒感慨道："我虽然今年已84岁了，但我要求我的儿子要继续做好奖学金的发放工作，为社会服务。"

以"乐于助学"为家风的赵安中先生

赵安中先生曾任香港荣华纺织有限公司董事长、宁波旅港同乡会名誉会长。他是一个企业家,历经风雨,筚路蓝缕,创立了属于自己的一片产业。更重要的是,赵安中先生是一个充满爱心的人,对祖国、对香港、对家乡、对中华民族的下一代,都倾注了无限的关爱之情。

赵安中先生,宁波镇海人,出生于动荡不安的年代。说到他的祖上,还有一则传说。据说明末清初的某天,一队清兵奉命追杀明朝王室的遗族,一直追到浙东海边。清兵很快在一个叫作"沙河头"的地方追上逃亡者,跳下马来,用刀指着他厉声喝问:"快说,你是不是姓朱?"

这位似放牛娃一般的逃亡者,在万分危急的时候,似乎连想也没有想,顺口就说:"我不姓朱,我姓赵……赵钱孙李的赵……"如果当时他承认自己姓朱,那么顷刻就会人头落地。奇迹出现了,清兵远去,危机化解了。后来,这个逃亡者就在这个叫作"沙河头"的小村庄栖居下来,从此就"将错就错",将子孙后代都改姓为赵;那位从清兵刀下侥幸逃脱的放牛娃,据说是现在宁波镇海骆驼杜塘畈赵家的先祖。

公元1918年农历九月初六(阳历10月10日),赵安中于杜塘畈赵家的老屋中降生。此时清朝早已灭亡,历史步入了民国时期。

1932年正月,那一年赵安中正好15岁,他在大伯的陪同下来到宁波江厦街承源钱庄学做生意。当时，赵安中的大伯和父亲都在宁波的钱庄做事。受此影响，他特地选择"跑街"这个工作，使自己有机会直接接触商界。在承源的三年，赵安中苦读了大量的古书、新书，不啻上了三年学校。除此之外，他还读了另外一部"无字之书"——承源钱庄成了他的"商科预备学校"。1935年的金融风暴自上海呼啸而至，不到十天时间，宁波城里大大小小的钱庄亦未能幸免。赵安中的钱庄生涯，也因承源的倒闭而告终。从此他开始了人生的又一次拼搏，从宁波到上海、汉口，又从内地到了香港，甚至远涉印尼再次创业，经过不懈努力，终于成了一位成功的企业家。

事业有成后，便想到报家报国，这几乎是每个海外游子的愿望，但回报的方式各有不同。赵安中先生选择了一种很深沉、很质朴、很含蓄却最有意义的方式——倾己所有，竭己所能，资助各地的"希望工程"，以此举将自己的人生希望融入祖国的希望之中。他以捐助初级教育作为切入口，然后把目光投向高等教育、投向教育的"名师工程"、投向教育如何与世界接轨……

赵安中先生捐资"希望工程"，从第一个一百万开始。

1985年，世界船王包玉刚回到家乡宁波庄市，与当年母校叶氏中兴学校的老同学见面。母校是一所不寻常的乡村小学，从这所学校走出了很多在商界叱咤风云的人物，比如包玉刚、邵逸夫、包从兴、叶谋彰、楼志章等人，其中包括赵安中。自1948年以来，母校已停办多年。如今老同学白首重逢，便提议复校。中兴校友一致建议：以中兴中学名义复校。赵安中自然积极拥护。之后，复校的倡议也得到校友邵逸夫、叶庚年两位的支持。

1987年9月，占地4万多平方米、建筑面积1.4万多平方米的中兴中学建成复校。百年钟声重鸣，中兴弦歌再奏。当时赵安中先生以三儿子赵享文的名义捐资一百万元，以此拉开了赵安中先生捐资助学的序幕，也开始了他人生第二次崭新意义上的创业。

1989年，赵安中回到曾在那儿度过童年的外婆家——宁波镇海团桥镇。他看到了那所破旧失修漏雨的团桥小学校舍。这所学校是由他外公林炳荣创办的,不仅他的母亲林杏琴在这里读过书,赵安中也在这里上过学。说到林杏琴的贤德,团桥的老人无人不知。正因为母亲的人格魅力,从小就在赵安中心中播下了爱民、爱乡、爱国的种子,才会有今天赵安中发自内心的报效桑梓之举。

提起母亲,赵安中的心中充满了深深的怀念,母亲是他人生的第一任老师。虽然她从没有拿过教棒戒尺,甚至没讲过一句教导他的话,可是她给予儿子的是一种永远取之不尽的无言之教,是她让儿子养成了富不骄、穷不卑、自强而进取的性格,是她让儿子懂得人生总有希望。

当赵安中见到自己儿时读过的学校而今如此凋敝,当即决定出资重建新的教学楼。8个月后,新楼落成。乡亲们为感谢他,一致提出将这新建的楼命名为"赵安中教学楼",竟遭到赵安中先生的断然拒绝。他捐资建教学楼并非为自己扬名。

源于对母亲的怀念和感激,赵安中先生以母亲的名字来命名这座教学楼。实际上,赵安中先生早已把对母亲的爱,升华为对国家、对家乡父老的热爱了。从这以后,林杏琴教学楼不管是在城市还是乡村,是在偏远山村还是海岛,都成为当地最漂亮的标志性建筑。十余年的时间里,这些地方相继矗立起一百多幢这样的教学楼。这些教学楼的建成激发了当地的孩子们对知识的渴望和对现代美好生活的向往。

"林杏琴"三个字几乎成了赵安中所有捐建学校的"注册商标"。一个普通母亲的名字一百多次化为金光闪闪的大字,镶嵌在希望教学大楼上,沐浴着数以万计与他们无缘无亲的学生。赵安中先生外公创办乡间学校的初衷、母亲的贤德在他回报桑梓的意愿中得到了切切实实的传承。

然而,赵安中先生对自己的生活却是那样吝惜,那样节俭。如果用一句话来概括赵安中的创业历程,就是凭勤俭建立根本,靠积聚而成小康。

赵安中一直牢记着这样一个故事：

有一个拳师，拳术高超，曾经数度夺冠。可是随着年纪的增长，逐渐地走下坡路了，以至穷困潦倒。最后一次比赛是与新秀争冠军，如赢了可得一千镑奖金，输了只能得五十镑。而这五十镑老拳师早就借来用掉了。他家离拳击场只有两公里，他吃了白开水和面包后，缓步走向拳场。他一边走着，一边想着如果赢了一千镑，应该如何支配。这时候，他隐约感觉到肚中乏食，心想，如果有一杯牛奶，或者一辆车子代步，则胜算会更高。

拳击开始了，他步步为营，沉着应战，任由对方出手，只是一味招架，也不管台下喝倒彩。到了第八回合他一记重拳出击，把对手打倒了，台下欢声雷动，可是当数到第八下，被击倒的对手居然爬起来了。

老拳手知道，这下他完了，心里暗暗叫苦：如果有一杯牛奶，如果……他那一拳击出去肯定对手爬不起来了……再一个回合，老拳手终于倒下了。

赵安中深深同情、惋惜这位老拳师，真可谓一钱难倒英雄啊！

这个故事经常闪现在赵安中的脑海。是什么造成了这样的悲剧？说到底是一个"钱"字。那又是谁造成的悲剧？只能说是老拳师自己。试想，老拳师当年屡屡夺冠，在这一段辉煌的日子，他的收入一定也不少，如果能省吃俭用，定会有所积蓄，何至于年老了还得为一千镑拼命？而且绝不会连一杯牛奶也吃不起。

这位老拳师的教训对他来说是刻骨铭心的。因此在创业前期，他毫不计较工薪，不论是拿一百六十元一个月，还是拿几万元一个月，甚至到后来已有亿万家产，他都绝不乱用一分钱。

虽然他已经是富翁，却常说自己是一个小老板。在衣食花费上，他坚持认为：衣足以御寒、食足以充饥就行。这也与赵安中自己的消费理念"钱总

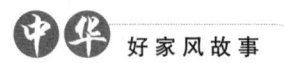

是要用的,不过一定要用到该用的地方去"相契合。

赵安中的花钱方式很有个性。在香港,做生意请客吃饭,认识不认识的挤一桌,这是很平常的事。可赵安中多年来的规矩是:不过生日不请客。他反对海派作风,即使跑街的时候,他也不请客。他的想法是:服务好客户,生意上尽量让客户满意。如果靠请客吃饭来拉客户,那是不长久的。

赵安中在创业过程中也很节俭,还常常夸耀自己不买轿车坐出租车的观点。他说,买一辆车,要加油,要维修,一年下来得花不少钱。如果坐出租车,这笔费用就可省掉了。赵安中对自己平日的花销可以说到了斤斤计较的地步。不少企业家赚了钱后,往往讲排场、住别墅,但晚年的赵安中仍坚持住在普通的四层楼房里。他的儿子曾拿出一千五百万元叫父亲去买新房,但赵安中却把这笔钱捐给了宁波大学建造大楼。

赵安中先生除了向希望工程捐款,还为宁波的高校发展捐资,接过了包玉刚助力宁波高校建设的大旗。赵安中率先捐建了宁波大学林杏琴会堂和体育场司令台。为了加快宁大的发展步伐,在与学校沟通之后,他当机立断,毅然变卖了自己在海外的房产,筹款一千万人民币,在宁大设立了"杏琴园教育基金",支持学校创办浙江省第一所国有民办二级学院——宁波大学科技学院。2000年,他把"杏琴园教育基金"每年获得的回报,部分用于新设立的"宁波大学荣华学者奖励计划",体现了他"振兴中国、教育为先"的超凡见识和与时俱进的精神。

他不仅身体力行,也携手子女共同前行。赵安中来国内时,常常有意把远在印尼、泰国和南非的儿子一起叫上,且他捐款的义举往往以儿子们的名义来做。赵安中这样做自有一番深谋远虑,他认为自己这一代人对家乡有非常深厚的感情,而第二代、第三代几乎都生长在国外,希望借此让子孙们牢记自己的家乡和祖国,让他们知道自己身上承担着一份帮助家乡的责任。赵安中的儿子赵享文以宁大客座教授的名义多次为宁大做专题讲座,以他所从事的事业,以他的方式延续父亲的"希望工程"。

　　赵安中在十多年的捐资助学中,所到之处,他的一举一动都留下了许许多多让人们津津乐道的故事。他乐于从善的思想和行动,不仅传承了先辈的好家风,也通过自己所做的善事影响了儿孙一代。

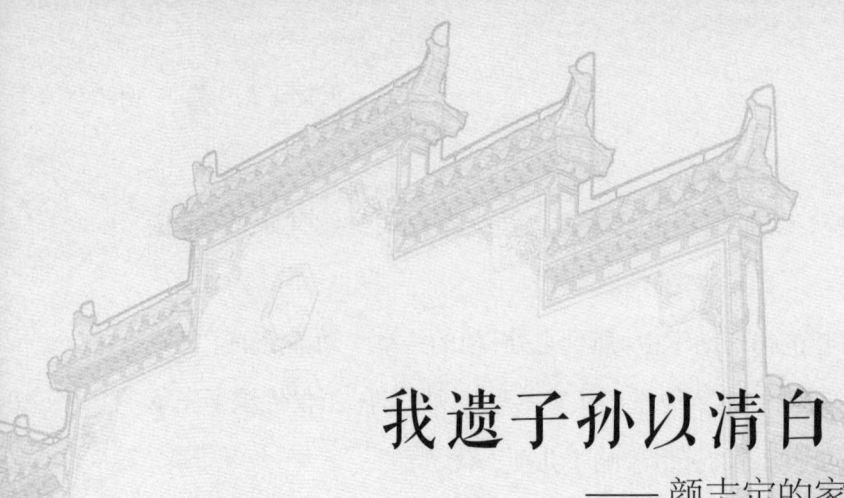

我遗子孙以清白
——颜志定的家风故事

2013年的一天,一位86岁的老人去世了。在这位老人所住的街道摆满了群众自发送来的花圈。这位老人究竟是谁?他叫颜志定,生前曾任宁波市委组织部副部长兼人事局局长,是一位令人尊敬的"我遗子孙以清白"的共产党员。

颜志定老人去世以后,从中央到地方的新闻媒体,如《人民日报》、新华社、《光明日报》《经济日报》、中央人民广播电台、中央电视台等相继来宁波深入采访报道老人的先进事迹。几年过去了,颜志定俭朴的家风仍在影响着当地的干部群众。

要像爱护眼睛一样珍惜共产党员这一荣誉

走进颜志定生前的家,68平方米的小屋还是原来的样子:墙壁、地面刷的是"油糙红"这种最普通的颜料。由于年代久远,墙壁、地面上只留下了斑斑驳驳的红漆;一把补了又补的旧藤椅静静地靠在墙角;还有用了30多年的锅碗瓢盆……这就是一位正局级干部的居舍和家当。

"一位共产党员,只有心脏停止跳动,才有停止工作的权力。"从20世纪70年代开始,颜志定是"与群众同甘苦的好干部"的全国典型《人民日报》曾长篇刊登过他的事迹。后来，他担任了宁波市委组织部副部长兼人事局局长，他为官的品质受到干部、群众的尊重。退休之后，他在宁波市关工委工作了20多年，在他的努力下，宁波市关工委先后3次获得全国先进集体荣誉称号。

颜志定生前有写日记的习惯，去世后，共留下17本工作笔记，所记内容时间跨度50多年，累计文字百余万之多。他在日记中写道："我一定要像爱护自己的眼睛一样珍惜共产党员这一光荣称号""作为一名共产党员，只有心中装着党的最高理想和人民的根本利益，才不至于失落迷茫，偏离方向……"

人遗子孙以财物，我遗子孙以清白

颜志定去世后，留下了一辆凤凰牌自行车，全身破旧，正如人们所说的"全身都会响啊，只有车铃不会响"。这是他生前用了30多年的"座驾"。

据颜志定的第二个儿子颜家忠回忆："我父亲从来没有因私事用过一次公车，他说，公家的东西绝不私用，公家的资源绝不侵占。要清清白白做人，一分一厘也不能拿。"父亲去世后，他便承担起照顾母亲的责任。在他的印象中，因父亲的以身作则，家人从来没有受过任何因其职务带来的优待。

20世纪70年代，务农的大儿子颜家兴拿到了一张招工进城的工厂报到证。颜志定知道这件事后，执意要儿子退回去，因为来招工的是他的一位老同事，必须避嫌。从此以后，放弃进城务工的大儿子一直留在农村，靠编草帽和种粮食为生，与其父亲同一年去世。

小儿子颜家东自小营养不良，体质很弱，好几次病危送上海治疗，颜志定都是自己掏钱叫救护车送诊，从来不揩公家一滴油。

颜志定的妻子王美娣当了一辈子农民，颜志定任职期间，几次把农转非的机会让给了别人。颜志定退休后,组织看到王美娣还在乡下务农,便出面给王美娣办了农转非,让他们夫妻团聚。由于颜志定妻子一直生活在农村,没有办过医疗保险,到了城里后,为了解决看病问题,到了2013年才自费办了医保。据他儿子说:"我父亲从来没有用他的医保卡给母亲配过药。母亲服的药,都是她自己每周五去药店配的,因为每周五买药都能享受八八折。"

颜志定去世后,组织部同事两次集体募捐送来善款,但都被他的家人退回,他们还说:"我们生活得还好,有很多比我们更需要这笔钱的人。"

王美娣患有心脏病,曾经动过手术,安装过心脏起搏器。但用久了,医生建议她更换起搏器。组织部知道这件事后,又捐款要帮她换个新的。但她又把钱退了回来,还对组织部领导说,非常感谢同志们捐款帮助我们,这些钱应该去帮助其他更困难的人。

幸福就是爱、尊重和自立的满足

颜志定退休后,包揽了所有的家务活,他对妻子王美娣说:"你跟我苦了一辈子,现在我退休了,我要弥补你。"

颜志定每天为老伴做按摩推拿,呵护备至。去世前三天,两位老人一直握着手,舍不得分离。每当回忆起这些事,颜志定家人就说,看看现在一些贪官污吏家破人亡的下场,真是觉得老人生前所做的一切是多么的正确,人要知足常乐。

颜建芬是颜志定的大孙女,由于家境贫寒,小学刚刚毕业,就被迫放弃学业去厂里打工,两只手早早地磨出了茧子。但颜建芬从没说过苦。当人们问及她爷爷时,她反而说:"爷爷在我眼中更像是一位严师。他告诉我,无论是在生活还是在工作中,付出不一定有回报,但不付出一定不会有回报。

爷爷的话为我指明了人生的方向。"

是啊，颜志定对待子女乃至第三代的孩子始终坚持原则，他告诉子女，工作得自己去拼，从来没有捷径。颜建芬凭借自己的努力，从一名普通装配工做起，一步一步做到车间主任，由于工作表现突出，得到所在民企一辆小轿车的嘉奖。为了弥补知识上的不足，颜建芬刻苦学习，因用眼过度造成一只眼睛失明。如今，她已辞去原工厂的职务，自己创业，成立了一家公司，公司的经济效益很不错。颜建芬的人生路上丝毫不依靠爷爷的职务之便谋求工作，遵照爷爷的嘱告，正行进在自主创业的大路上。

儿孙辈的点滴进步，是颜志定最开心的事情。他的三个孙女全都自谋职业，一个孙子是极为普通的搬运工人。

说起这些，颜建芬总是绕不开自己的爷爷。"奶奶说，在我身上看到了爷爷的影子。我觉得爷爷就是我这辈子的领路人！"

颜志定的家风至今仍深刻影响着他的儿孙两代人及周围的干部群众。尽管颜志定已去世多年，但是人们还是忘不了他的高风亮节。颜家忠说："我常听人说，'你的父亲是一个好干部，我们在媒体上看到了详细的报道，真的是打心眼里佩服'。"还说，尽管父亲已去世多年，但他现在出门买东西，仍经常会有素不相识的摊主认出他，连声称赞其父亲，不肯收钱，还经常有出租车停下来要免费送他回家。

退休后的颜家忠回原单位开会时，同事们总是对他说："金山银山都买不来你父亲的好口碑！"每当听到这些，颜家忠的心里既感动又自豪。他一直说，想不到父亲不在了，社会上还有那么多人记得他，那么照顾他们一家人。

屠呦呦家族的好家风

2011年,屠呦呦获得被称作"医学界的诺贝尔奖"的拉斯克奖;

2015年,屠呦呦成为我国首位获得诺贝尔奖的科学家;

2017年,屠呦呦获得2016年度国家最高科学技术奖;

2018年,党中央、国务院授予屠呦呦"改革先锋"称号,颁授改革先锋奖章。

2019年,英国BBC新闻网新版《偶像(ICON)》栏目发起"20世纪最伟大人物"评选。在公布的"科学家篇"名单中,出现了中国屠呦呦的名字,与她一起入围的还有居里夫人、爱因斯坦以及数学家艾伦·图灵。BBC列出她入选的三大理由:艰难时刻仍秉持科学理想,砥砺前行不忘回望过去,她的成就跨越了东方和西方。

一个人,在她所研究的领域里哪怕能获得一项奖项,已经是十分不容易了,更何况,至今已89岁的屠呦呦获得了那么多项奖项。在她身上,不仅有熠熠生辉的科学成就,更有打动人心的人格魅力。是什么成就了屠呦呦这样不平凡的人生?得从她家族流传下来的家风讲起。

《甬上屠氏宗谱》指出:"凡人性情刚愎,礼貌粗疏,皆因不读书之故。吾族城郊各有校学,为父兄者当令其子弟及时入学,上之足以讲求礼义,次之亦得稍通文墨。如有聪颖子弟,渴望造就,而贫不能读书者,首得向公众设法助以脩脯,使得学成用世。"

这段话的意思是:一个人性格刚愎,举止粗俗,都是因为没有读过书的缘故。屠氏家族在城郊办有学校,做长辈的要让自己的孩子及时上学,能学会礼仪最好,不行也能稍微通点文墨。如果有聪明的孩子,能够成才但因贫穷而上不起学的,族长就要想办法向族人募集学费,让他能够继续读书。由于屠氏家族把重教作为育人的第一要素,因此屠氏家族中人才辈出。

南宋庆元年间,屠家祖先从江苏常州府无锡县迁居至明州,至今绵延800余年。族中出过的人才包括吏部尚书、太子太傅赠太保屠三庸,文学家和戏曲家屠隆,博物学家屠本畯等,既有高官显贵,又有文人墨客。在屠家宗谱里,屠本畯尤为令人惊奇。他在数百年前就已从事生物研究工作,著有《闽中海错疏》《海味索隐》《闽中荔枝谱》《野菜笺》《离骚草木疏补》,其中《闽中海错疏》成书于明万历丙申年,是中国最早的海产动物志。

在《甬上屠氏宗谱》中,类似这样的崇文崇学的教诲比比皆是。屠氏家族在对待族中子弟读书这件事上历来十分重视。而勤学善思的家训,对屠氏子孙正确世界观、人生观和价值观的树立和形成产生了积极而深远的影响。

相比屠氏家族,屠呦呦母族姚氏的家规、家训,另有一番意境。根据《鄞县姚氏宗谱》记载,姚家是在元末明初时从安徽徽州迁入鄞县的。姚氏家族世代经商,屠呦呦的舅舅是民国时期著名的经济学家姚庆三。可以说,重商基因深深地植根在姚家人的血脉中。

在《鄞县姚氏宗谱》的祖训录中,有这样的记载:"上海马车往来不绝,每逢十字路口须要预先当心,防来车之冲突不及回避;若要他人在我面前不说假话,必要自己从不向人说假话,则别人方肯向我说真话也……"

踏实做人、诚信为本的准则代代相传,成了姚家后人的立身之本。可

见，屠呦呦父母两大家族皆历来重教。教育后辈、培养健全人格是两个家族一以贯之的传统。正是这样的家庭氛围，对屠呦呦的学习、研究产生了巨大影响。

严谨的家训往往会内化为家族精神。"若有孝子顺孙、义夫良吏及一切善行，合族尊敬之，贫乏则周恤之。若习学非为赌博者，窃盗者，酗酒争斗者，外内乱、鸟兽行者，暴横乡里者，诓骗财物者，不孝、不悌、不慈、不睦者，合族摈之，终身不齿。"这条"屠氏家训"充分体现了儒家仁义礼智信的理念，也体现了对族人的高标准、严要求。甬上屠氏从第八世起辈分排行依次拟定为"大伯惟忠孝，行之可继宗，用规恒益德，世嗣永钦崇"，后续增"积善传余庆，贻孙有远谋，文章以祖泽，诗礼焕新猷"。

屠呦呦14岁那年，她的哥哥屠恒学在赠给妹妹的照片背后写道："呦妹：学问是学无止境的，所以当你取得小小的成功的时候，千万不要满足现状；当你不幸失败的时候，你亦千万不要因此而灰心。呦呦，学问决不会让诚心做学问的人失望。"不难想到，年幼多病的屠呦呦，是以多大的毅力努力地学好人生最初的各课知识。为了不让年少的屠呦呦在学习上失去自信，除了哥哥的鼓励，做父母的也通过多种方法来改变屠呦呦的求学环境。这就不难理解为什么屠呦呦在小学、初中阶段会有多次的转学经历。

16岁时，屠呦呦不幸染上了肺结核，此时的屠家生活已经十分拮据，这让成长中的屠呦呦面临着前所未有的考验。经受了整整两年病痛折磨的屠呦呦从未放弃学业，坚持在家自学，最终以同等学力身份考进效实中学，与她的父亲屠濂规成了校友。在效实读高一时，屠呦呦的生物课程平均分达到80.5分，这为她以后的生物科研道路打下了扎实基础。

读高二时，屠呦呦又一次因身体原因休学在家。在家里疗养期间，屠呦呦以顽强的意志自学了高二年级的全部课程。到了高三，屠呦呦母亲为了女儿上学之路方便些，将她转学到宁波市第一中学，在这里继续学习高三的课程。1951年夏天,屠呦呦顺利地考上北京大学药学系,实现了少年时的愿望。大学期间的努力学习,为实现其为人治病的梦想,也为日后投身科学研究打下了重要基础。

60多年后,当屠呦呦站在诺贝尔奖颁奖典礼的演讲台,她向人们展现了自身良好的修养和崇高的人格,以无比的民族自豪感向全世界称赞中医药是人类伟大的医学宝库。

好家风成就赵小兰的辉煌人生

特朗普又提名她为新一任交通部部长,她作为候任人出席了美国国会参议院的提名听证会。其他几位候任部长的听证会上都是针锋相对、火药味极浓,唯独她的听证会一片赞誉之声,多数人当场明确表态支持。她的出任刷新了华裔女性在美国政坛的最高地位。

"她"是著名华裔赵小兰。

在特朗普之前,大、小布什总统早已对赵小兰青睐有加。小布什刚刚就任总统时,为了能让赵小兰加入小布什内阁,父子两代总统一起上阵。

在中美最高领导层的交流中,赵小兰是举足轻重的人物。但她的影响力远不止在美国。

赵小兰究竟是一个什么样的人呢?她究竟有过怎么样的人生经历?她又是出身于怎么样的家庭呢?

56年前,8岁的赵小兰跟着妈妈和两个妹妹坐着一艘货船从台湾来到美国,母女四人在闷热的货舱里整整捱了37天。赵小兰的三妹赵小美那年只有3岁,因为高烧不退,差点夭折在船上。赵小兰的爸爸已在美国打拼多年,他们来到美国是为了和爸爸团聚。一家五口只有爸爸懂英语,他是全家唯一的经济支柱。那几年,赵小兰的爸爸每天要打三份工,不仅练就了同时端10个盘子的绝技,而且几乎做遍了美国所有的工作。他曾开玩笑说:唯一没做过的是拉黄包车了,因为美国没有黄包车。

初到美国的赵小兰不懂英语,上课如同听天书。她学英语靠的是把老师上课时的板书一字不落抄下来,晚上等爸爸回家后逐字逐句给自己讲解,从零起点学会了英语。父女两人,一个是无论爸爸回家多晚都要等着,一个是无论回家多累都要给女儿讲课。良好的家庭教育,加之自身聪明勤奋,赵小兰18岁就考上了美国最顶尖的女子学院——曼荷莲女子学院。

22岁时,赵小兰本科毕业,进入了父亲的航运公司工作。学经济学的赵小兰那时已表现出前瞻的头脑和过人的魄力。她帮父亲起草了一份商业计划书,从日本订购了3艘1.7万吨大型货轮,不仅为公司赚到了几百万美金,更让父亲的公司瞬间跻身航运巨头之列。

24岁,赵小兰考上了哈佛大学。26岁,她以全A成绩获得哈佛商学院硕士学位,同年进入花旗银行工作,一入职就是高级会计师。在花旗银行的一次晚宴上,花旗的总裁夫人结识了赵小兰,她一下子就喜欢上了这个聪慧的亚裔女孩。

1983年,白宫招募"白宫学者",花旗银行总裁、美孚石油总裁、哈佛商学院院长、纽约圣若望大学校长、世界华人华侨领袖陈香梅女士联名举荐了赵小兰。自此,赵小兰的人生走上了一条崭新的道路。最终,赵小兰从5.5万名竞选者中脱颖而出,成为有史以来最年轻的白宫学者,也是第一位亚裔白宫学者。那一年她刚30岁。

进入白宫后,赵小兰先是凭借为里根总统起草了一份完美的演讲词折服众人,在这里她又遇上了她一生最大的伯乐——当时还担任副总统的老布什。一年的白宫学者生涯结束后,赵小兰先后担任了美国商业银行国际金融副总裁、美国交通部航运署副署长、美国联邦海事委员会主席。

1989年,老布什成功当选美国总统,他向赵小兰抛出了白宫的第一根橄榄枝——美国交通部副部长,这一年赵小兰36岁。12年后的2001年,老布什的儿子小布什入主白宫，小布什盛邀赵小兰出任劳工部部长，却被赵小兰再三婉拒，直到老布什亲自打来电话才接受了任命。至此，48岁的赵小兰成为美国历史上第一位进入白宫内阁的华裔，也是白宫内阁中第一位亚裔妇女。这以后，小布什连任两届美国总统，赵小兰也连任了两届劳工部部长。

特朗普就任美国总统后，64岁的赵小兰又进入了特朗普的内阁，担任交通部部长，再次创造了人生的新高度。如果以上流水般的履历还不足以让你惊叹，那就让我们看看赵小兰的工作能力。

老布什任职总统的1989年到1992年间，堪称美国和平年代的多事之秋。时任交通部副部长的赵小兰成了老布什的得力干将，"危机处理能手"。赵小兰刚上任就遇上了两起大事：一是美国泛美航空公司103号班机特大爆炸案，所有乘客和机组人员共259人死亡；二是1989年3月，埃客森公司游轮触礁泄油案，短短数天内25万只海鸟死亡，周围的生态环境遭到严重破坏。年轻的赵小兰在这两起事件中，表现出了成熟果断的应对能力。1989年10月，旧金山发生6.9级大地震，这是20世纪美国第二大地震，死亡人数逾270人，机场、公路、桥梁、海湾快速铁路一时被迫关闭，交通几近瘫痪，赵小兰又漂亮地完成了震后交通恢复工作。1991年的海湾战争中，赵小兰又肩负起大规模的海上运输调度任务，为军方提供全方位的物资运输支持，真正变身成为铁血娘子。

赵小兰的经历被认为是最成功的美国故事之一。而赵氏家族将中国优秀传统文化与西方社会的管理方法结合的家庭教育更是被侨界推崇备至。

赵小兰的成功离不开父母的教育。赵家虽然富裕，但几个孩子却多半进入公立学校。每天早上闹钟一响孩子们便自觉起床，由姐姐带头乘校车上学，姐妹几个念书都很自觉。在外的花费，不论多少，都要拿收据回家报账。赵小兰念大学时，还向政府贷款，靠暑假打工还钱。赵氏对孩子们的教育从不含糊:"你们学习上要花费的东西,绝对不省。既然学了,就有责任学好!"赵小兰不但学业好,还多才多艺,会打高尔夫球、骑马、溜冰、弹钢琴等,这都得益于良好的家庭教育。父母从小培养她们要有责任心、有担当,从小养成勤学、好学的习惯。在学习上,不要求她们死背书本,鼓励子女要有广泛的兴趣爱好。

赵家虽然有管家,但仍然要求孩子们自己洗衣服、打扫房间。闲暇时,还要三个孩子分担家里的琐事。每天早晨上学之前,她们要检查自家游泳池的设备。周末,则要清理院子里的杂草。很难相信,赵小兰家门前长达120英尺的柏油车道,是几个姐妹自己铺成的。从小培养孩子爱劳动的习惯是必不可少的家庭教育。

晚餐之后,赵家极少开电视,母亲会跟着孩子一起读书,父亲则处理公务。他们每年会安排两次家庭旅游,从选择地点、订旅馆房间乃至吃饭的餐馆,完全由孩子们负责,从小培养她们独立处理事务的能力。

每周日,赵家会利用午餐后的点心时间举行一次家庭会议,让每个孩子说出自己新的想法、收获,提出计划。当我们惊讶于赵氏姐妹的纪律性的时候,要知道那是经由父母和子女充分沟通所获得的共识。"家园,家园,这个园地是一家人的,每个人都有责任。"这是赵小兰父亲教育孩子的极其普通的言语,但赵家在教育子女要有责任心时,并不只是说说,而是通过民主的办法让他们在实践中养成。

赵小兰父母对孩子们的教育考虑得十分周到,不是停留在语言层面,而是以自己的行为做孩子的榜样。这从赵小兰母亲对待学习的认真态度便能得到印证。赵小兰的母亲朱木兰女士50多岁时以两年全勤的纪录获得了硕士学位。班上一位年轻大学生回忆道:"起初我以为她只是消磨时间的旁听生,后来看她也紧张兮兮地应付考试,才知道她是正式的研究生。她从不缺席,笔记又写得好,所以逃课的人都会找她帮忙。我们称她为赵太太,直

到毕业才知道她就是美国交通部副部长赵小兰的母亲。"赵小兰母亲对待学习的认真态度和努力为孩子们做了极好的榜样。

赵小兰担任小布什政府劳工部部长后,一些苛刻的媒体谈及赵小兰的成功时无不赞扬道:"赵小兰那种不亢、不卑、带有适度的矜持与华裔尊荣的气质,来自她那特殊的家庭教育。"老布什在任时曾对太太芭芭拉强调应该向赵家学学怎么管孩子。

是啊,如果没有成功的家庭教育,就很难有赵小兰今天的成就。

叶氏五代人守护灯塔的故事

以全国劳动模范、"2016年感动中国"入围奖获得者、灯塔工叶中央为原型创作的话剧《灯塔》正式开演了。这个讲述一家五代人百年坚守灯塔的故事，让许多观众噙满泪水。

要说叶氏五代人坚守灯塔的故事，就得追溯到百年前的岁月。

世代传承，守护一盏灯

在2000多平方公里的浙东海域上，矗立着12座已有百年历史的灯塔。1883年，由英国人建成的白节灯塔是其中一座。白节灯塔刚建成，渔民出身的叶来荣就带着一家老小来到了白节岛，成为中国第一代灯塔工。儿子叶阿岳从小就在父亲守塔的白节岛上长大，受到父亲的影响，成年后也成了灯塔工。

叶阿岳与他父亲一样，带着家人生活在鱼腥脑灯塔。1944年10月的一个凌晨，强台风突然降临，狂风呼啸，海浪达到两三层楼房那么高，汹涌而至。眼见停泊在灯塔下定期运送生活物资的小木船就要被风浪击沉，34岁的叶阿岳想都没想，一头扎进狂风暴雨中，想把小船拉到背风地方，突然一个巨浪扑来，叶阿岳瞬间被卷入大海中……

5岁的叶中央眼睁睁地看着父亲消失在惊涛骇浪之中,只听着母亲撕心裂肺的哀号,仿佛一下子就长大了。从这以后,叶中央就与爷爷叶来荣相依为命,在白节岛守塔中渐渐长大。长大后的他自然而然地接替了爷爷、父亲守塔的担子,坚守灯塔成为他一生的职业。

守灯塔并非像有些人所想象的那么浪漫,蓝天、白云、海燕、海浪、远帆……其实守塔的生活是十分艰苦和寂寞的。叶中央最开心的是,每当航船穿越海峡,在灯塔下鸣笛三声致意时,爷爷就会让他帮忙一起升起旗帜,然后一上一下接连拉三下当作回礼。这样简单的回礼形式在小小年纪的叶中央心中充满了一种说不清楚的神圣感:是啊,对在大海中行驶的航船来说,灯塔就是方向,灯塔就是希望。

到了20岁那年,爷爷说:"看守灯塔吧!"爷爷的一句话,看似简单,却传递着一种使命。不久叶中央也成了一名灯塔工。

年轻的叶中央成为叶家第三代守塔人,他牢记爷爷的这句话,将满腔热情都倾注在守灯塔上。然而命运却再次给了他沉重一击。1971年春节前夕,叶中央独自坚守在三星岛灯塔,好让其他几名灯塔工回家过年。他想趁节日让常常分居两地的妻子和女儿到岛上一起过年。当他满心欢喜地等待一年多没见面的家人时,一个噩耗传来,妻子乘坐的船途中翻船,年仅29岁的妻子和5岁的女儿都遇难了。

这个噩耗对叶中央的打击实在太大了,他几次自言自语地责备自己,好端端的叫她们母女俩来干什么呢?我不是成了娘俩的催命鬼了吗?他越想越难过,肝肠寸断。叶中央一连3个月沉浸在深深的自责和悲痛之中,无法自拔。那段时间他想了很多很多,一度想离开海岛去找别的工作,但是最后还是舍不得,留了下来。直到2000年,叶中央退休了,才告别了整整40年的守塔生涯。

1984年,原上海航道局镇海航标区调整为宁波航标处,要招收20名灯塔工。当时几乎人人都说灯塔工这工作太苦了，为此报名的人特别少。叶中央听说招工报名已过了好多天，只有7人报名，心想，叶家包括他在内，相继守灯塔已有三代，守灯塔这工作也得后继有人啊。于是，他就劝已高中毕业在家乡开拖拉机的儿子叶静虎去报名。起初，叶静虎想不通，开拖拉机的收入是守灯塔的几倍，为啥要去守灯塔受苦呢？想来想去，终于明白了父亲守灯塔的情结和对守塔后辈们的殷切期待。最终，叶静虎放弃了开拖拉机，接过了守塔工作，当了一名敬业的守塔工。"也许我的骨子里，流淌着灯塔工的血，对灯塔是有感情的。"叶静虎这一取一舍表明了这是一种责任。

叶静虎在海岛足足坚守了10年，后来由于身体原因由航标处调到岸上工作。

叶中央的儿子上了岸，孙子又上了岛。2013年，叶中央的孙子叶超群成了叶氏第五代守塔人。这个不到30岁的小伙子继承父辈的事业，登上了宁波镇海口的七里屿灯塔。

一份"守塔事业"在这个家族间传承了上百年，是什么力量促使他们能代代相传？这是一种无形的家风传承，更是一种社会担当。正如叶静虎和叶超群父子所说的："守灯塔是家庭传承，我们对灯塔的感情是别人无法理解的。"

叶氏家族五代人，叶来荣、叶阿岳、叶中央、叶静虎、叶超群，在中国东海的小岛上演绎着属于他们的"百年孤独"。面对失去亲人的痛苦，他们依旧世代坚守，用信念与责任讲述着守塔人的百年故事。

不辱使命，照亮一片海

灯塔工的职责就是确保灯塔明亮，为海上行驶的船舶指路。这个看似简单的工作却充满了艰辛与危险。

灯塔工每天晚上都要值班。无论寒暑，必须保证灯塔里用来照明的灯永不熄灭。过去，白节山灯塔上用来照明的是煤油灯。煤油灯上有一个标记线，一旦油少于标记线就要立即添加煤油，一般三四天添一次。煤油灯外面有玻璃罩子，里面的小灯可360度旋转，但旋转不是自动的，每小时要上一次发条，以保证小灯旋转不停。

1986年的一天深夜，12级台风席卷白节山灯塔。正值塔灯发条上弦的时间，叶中央冒着被大风卷入海中的危险，冲出值班室，迎着嘶吼着的暴雨和狂风，抓着值班室和灯塔连接着的"安全绳"，艰难地爬行，只要一个疏忽就会被狂风吹落到巨浪翻滚的大海中。从值班室到灯塔间100米的距离，他爬了足足半个钟头。上完灯弦后，叶中央才发现腿上、手上布满了一条条被尖利的礁石割破的伤痕。

也是某个雷电交加的黑夜，灯塔的发电机被闪电击中，小岛上一下子漆黑一片。只有雷声轰鸣，闪电像一条条幽绿的巨龙劈开乌云，打在地上。叶中央顶着狂暴的雷电和暴雨冲进变电房，发动备用的发电机。没过多久，灯塔亮了起来。

即便是在平常的日子，白天的工作也不轻松，要做好灯塔所有的维护工作。1987年6月，灯塔要进行大修，叶中央带着大伙儿用肩把25吨重的建设物资从海边沿着崎岖的山道背上70多米高的山顶。白天，他顶着烈日，爬上十多米高的脚手架干活，晚上又要准备第二天的工作，有时一干就到深夜。

叶静虎记得一个夏日的午后，补给船运来了一批灯塔急需的柴油，共有70多桶油，每桶重25公斤。他和另一名工人沿着400多米长的山路，花了整整一天的时间，才把柴油运上山。

岛上的生活条件异常艰苦，生活用水全靠蓄下的雨水，雨水储久了，人喝了容易生病。如遇上台风天，补给船无法靠近小岛，断粮、断菜便是常事。有时一个月都没有补给，只能吃酱油汤泡饭。叶中央依稀还记得，曾经守灯塔的 5 个人在 7 天时间里就靠一个约 5 公斤重的冬瓜果腹。

在如此艰苦的环境下，叶家五代人守塔上百年，且从未让灯塔熄灭过一天，也从未因自身原因守塔失责。

孤独守望，升华一种情

守塔最煎熬的就是无边无尽的孤独。在叶中央守塔的年代，要在岛上连续工作 11 个月才能休息 20 多天，到了叶静虎守塔时，每年也只有 2 个月的休息时间。

除了工作时间长，守塔人大多是在无人岛上工作，几乎与世隔绝。除了几位同事，他们只能与草木为伴。为了排解孤独与寂寞，年轻时的叶中央常常把一本书反复看五十来遍，有时在岛上无意识地边跑边狂叫。在无数个孤寂的夜晚，见有轮船驶过白节海峡，叶中央总会远远地凝望着，直至它消失在海平线上。黑夜里，坐在灯塔下，望着一艘艘平静驶过、灯火如星的航船，孤独的守塔人才觉得不那么寂寞了。

岛上 40 多年的守塔生活，使得叶中央每次下岛见到熙熙攘攘的人群就特别不适应，甚至还会对马路上飞驰而过的汽车感到惧怕。

叶静虎刚上岛守塔那会儿，总是情绪低落，工作提不起劲来。经过好长一段时间，才慢慢调整过来，逐步适应岛上的生活。那时，叶静虎才 20 多岁，作为年轻人会常常渴望与外界沟通，想要通过看报纸了解外界的信息。但看的报纸大多是过时的，因为补给船送来的报纸是几个月前的。岛上有一台收音机，这是守岛人唯一能通过它来了解岛外情况、知道外面世界的珍贵工具了。对岛上的人来说，这小小的收音机简直是稀世珍宝。他们用它接收天气预报，偶尔听听新闻，当然也会听听音乐、戏曲，毕竟在大多数的时间里除了寂寞，还是寂寞。

那个年代,叶中央、叶静虎与家人的沟通方式只有书信,每次补给船送来亲人的来信,是他们最高兴的时刻了。今天,灯塔人的工作和生活条件大大改善了,叶超群作为第五代守塔人隔周就能回家休息一周。岛上条件变得现代化了,有电脑、电视机、手机,当然也能用微信。即便如此,在岛上待到第四天、第五天时,就不想上网,也不想看电视了,只盼望这两天早点过去。

因常年要上岛守塔,叶中央、叶静虎他们与家人团聚的时间屈指可数。暂不说他们很少有时间陪伴自己的孩子,就连几个孩子出生都没赶上。叶静虎记得,小时候上岛看父亲,总是要从一个大岛转到另一个大岛,然后再转到小岛,这样转来转去,折腾好几天才能来到父亲所在的岛,说实在的,一年之中与父亲见面的机会也就一两次。

1993年2月,叶中央的妻子曹秀恩被诊断为直肠癌晚期,住进了上海中山医院,手术后留下的刀口还没完全愈合,叶中央为了工作便早早赶回了白节岛。

2000年后,已退休的叶中央仍心系灯塔,几乎每年都要回去看看灯塔的变化。有一次叶静虎和叶超群商量好一起去岱山看望叶中央。三代守塔人刚见面,叶中央开口第一句话就问叶超群:"现在守塔感觉怎么样?灯塔有什么变化吗?"听说现在引进了新设备,他真的是很高兴。

描绘新蓝图,做灯塔遗产传承人

2018年6月5日,叶氏第五代守塔人叶超群,受中央电视台三套《开门大吉》栏目组的邀请,赴北京参加节目。节目主持人尼格买提问年轻的守塔工叶超群:"每天对着苍茫的大海,日复一日,就没想过辞职不干吗?""暂时还没有想过放弃。相反,我现在的心很安定,很享受这份宁静。"叶超群说,"这是一份城市里所没有的宁静生活。看看书,发发呆,看看海浪,听听海风,晚上还可以仰望星空。"叶超群嘴里是这样说的,其实他心里正在设计一幅守塔人的新蓝图。

2018年春,叶超群赴韩国参加国际航标协会第十九届大会,会议期间他听到、看到的许多新鲜事,给了他很多启发:韩国有很多灯塔建在孤岛上,现在是把灯塔作为一个文化平台来展示、使用。尽管灯塔的领航功能已经弱化,但它的内涵却逐渐沉淀,已经成为珍贵的文化遗产。叶超群曾告诉采访他的记者,包括七里屿灯塔在内的11座"浙东沿海灯塔"已于2013年入选第七批全国重点文保单位,他不仅要守护好灯塔,还要做好灯塔遗产的传承人,开发利用好灯塔的历史和文化内涵,这就是第五代守塔人心中的"中国梦"。

叶家五代人百年来守灯塔的故事,在浙江一带广为流传,曾被写入中小学教材。1998年,以叶家前三代守塔人为原型的电影《灯塔世家》在全国公映,一时感动了很多观众。在叶中央的家中,可以看到很多荣誉证书和奖章:1988年荣获全国"五一"劳动奖章,1989年被评为全国劳动模范,1996年荣获全国优秀工人奖……

叶中央常说:"我没有为国家创造财富,我只是一个平凡的灯塔工,和所有的灯塔工一模一样。"

叶家五代灯塔人的无私奉献精神,是一座灯塔,照亮了世人的心灵航道。

一家三代传承守鹤的故事

2018年5月5日晚20时,中央电视台第一套《朗读者》第二季第一期节目中,一位俊秀的女孩儿在朗读著名女作家张抗抗的作品《白色大鸟的故乡》其中的一个片段。在优美的旋律中,朗读者饱含深情的声音,大屏幕唯美的画面,扎龙湿地一只只在空中振翅翱翔的洁白的丹顶鹤,和扎龙湿地独有的美丽风景带给全国观众美的享受,真情的感动……

这位朗读的女孩叫徐卓。节目通过主持人董卿与徐卓深情的对话,以及徐卓动情的朗读,向观众展现了徐卓的爷爷、她的姑姑和父亲,以及她一家三代人,为了守护丹顶鹤,不忘初心,默默坚守,用他们的智慧、汗水,甚至生命,努力践行着习总书记提出的"要像保护眼睛一样保护生态环境,像对待生命一样对待生态环境"的使命和担当。

关于这个一家三代人守护丹顶鹤的故事,就让我们从一首凄美的歌曲《一个真实的故事》开始吧。

走过那条小河,你可曾听说,
有一位女孩她曾经来过。
走过这片芦苇坡,你可曾听说,
有一位女孩,她留下一首歌。

为何片片白云悄悄落泪?

为何阵阵风儿轻声诉说?

啊……啊……

还有一群丹顶鹤轻轻地轻轻地飞过。

这首歌源自一个真实的故事:出身于驯鹤世家的徐秀娟,从小就和丹顶鹤一起长大,大学毕业后毅然从事丹顶鹤的保护工作……

丹顶鹤"带走"了女儿

在广袤的黑龙江大地上,嫩江宛转南流,河之东岸有一块夏如翡翠、冬如白玉的大湿地——扎龙自然保护区。这里以栖居繁衍着自然的精灵——丹顶鹤闻名于世。据记载,1975年建区之初,丹顶鹤总数仅140只左右。

徐铁林的家就在保护区里,与鹤相邻相依,最初保护区的牌子就挂在他家。为了摸清保护区内鹤的巢穴,徐铁林和伙伴们踏遍了保护区2100平方公里的角角落落。他们采用"人工孵化+野外散养"的"半野化"保护方式,繁殖着一批又一批的丹顶鹤。

当时他们不知道,后来有多个国际组织试图人工重建鹤类迁徙均告失败,而扎龙"土办法"将成为唯一的成功范例。他们也不知道,这与徐铁林一家后来的悲情遭遇竟有一种隐秘的联系。

徐家长女叫徐秀娟,从小就跟着徐铁林在火炕上孵鹤,大家亲热地叫她"娟子"。照片上,娟子略显黝黑、牙齿益显雪白、眼神格外清澈。

1981年,年仅17岁的徐秀娟,因学校停办不得不放弃学业,选择到刚成立不久的扎龙保护区工作。徐秀娟从进鹤场的第三天起,就能独立圈养

小鹤，识别鹤的编号，记住每只鹤的出生年月，经她饲养，幼鹤的成活率达到100%，创造了奇迹。不仅如此，经过她驯化的小鹤，还能随她一起唱鸣、跳舞、飞翔。

虽是临时工，但她一直勤勤恳恳、任劳任怨，很快就掌握了丹顶鹤、白枕鹤、蓑羽鹤的饲养、放牧、繁殖、孵化、育雏等技术，成为我国第一位养鹤姑娘，1983年还登上了《妇女之友》杂志的封面。

1985年3月，因得到东北林业大学两位教授的举荐，徐秀娟自费进入东北林业大学野生动物系进修。

1986年5月，还未毕业的徐秀娟就被邀请到刚筹建的江苏盐城滩涂珍禽自然保护区创业。南下时，她将3枚鹤蛋从几千公里之外的内蒙古辗转三天三夜带到尚未通火车的丹顶鹤越冬地盐城，途中没有先进的装备，只靠一个人造革包、一个暖水袋、半斤脱脂棉、一个体温计，以及自己身体的温度保护着这3枚鹤蛋！

当时，丹顶鹤人工孵化还属世界前沿难题，即使在亲鹤的羽翼下，温度稍有变化，也会胎死壳中。我们难以想象，娟子究竟付出多少情感，才有了世界首次在越冬地成功人工孵化丹顶鹤。更令人惊奇的是，孵出的小鹤格外强壮，还比正常周期提前20多天展翅飞天。前来考察的中外专家说，这是"爱生奇迹"。

然而，这种"半野化"保护方式也伴生着难题——淘气的幼鹤玩高兴了，很容易"走失"。1987年9月15日，又有幼鸟飞走未归。徐秀娟花了整整一天时间在芦苇荡中蹚水寻找，心力交瘁。

第二天一早，娟子说听到了"宝贝"的鸣叫，没顾上吃饭就又出门了。不想从此永别，她因疲劳过度，淹没在沼泽里。

娟子就这样走了，死于丹顶鹤之爱。离鹤群不远的海滩上，多了一座简单的墓。

从此，徐家人每年过年都会摆上一副空碗筷、一把椅子。

丹顶鹤又"带走"了儿子

"丹顶鹤女孩"从未离开。老徐夫妇忘不掉娟子，更放不下这群鹤。他们的儿子叫徐建峰，小名"峰儿"。当时，小伙子已退伍转业进了齐齐哈尔市的大型国企。1997年，经父母反复劝说，徐建峰放弃城里的工作，回到扎龙，接过了守鹤的接力棒，一干就是18年。

徐建峰从2006年至2012年已救护各种珍禽上百只，无论在多么艰苦的条件下，他都会带领救护小组努力完成任务。在疫病防控高危期，他曾七天七夜守在工作岗位上，使疫病得到有效控制。

同事们说，建峰"恨活"，有事干不完不下班；建峰"干净"，他担任孵化中心主任，养鹤比养孩子还上心；建峰"怕他爹"，鹤病了，治不好不敢回家。

为了鹤，徐建峰可以不顾一切。有一天，突发暴风雷电，惊飞了几只幼鹤。徐建峰立刻追了出去。风把苇子都刮伏在水面上，滚地雷像火球一样在水面上滚来滚去。然而，建峰一步一"哧溜"地带头冲了上去，把鹤救了回来。看到他浑身滚得像泥猴，领导后怕地说："你不要命了！"

然而，不幸再次降临。2014年4月18日早上，徐建峰像以往一样蹚水约2公里进入扎龙湿地腹地观察散养丹顶鹤的繁育情况。当天中午徐建峰发现一只散养丹顶鹤的鹤雏和一枚鹤卵，为了确保鹤雏成活，他在湿地工作了一天。

19日早上，徐建峰不放心鹤雏和鹤卵，又回到湿地进行看护，在确保散养丹顶鹤鹤雏和鹤卵安然无恙后，返回保护区，途中他由于连日疲劳致使摩托车失控掉入路基下的水沟，不幸殉职。

在徐秀娟牺牲27年后，徐建峰也献出了自己生命，年仅47岁。徐建峰离开了他热爱的工作岗位和他牵挂的丹顶鹤,但他留下的是保护湿地、保护鹤类的执着精神。

在整理遗物时,同事发现,在他的工作证里,原来珍藏着一张"娟子姐"的照片。

翻看父亲留下的日记,女儿徐卓发现他每天都记录下工作的点滴,为哪只鹤打扫了圈舍,给哪一群鹤做了防疫……

"我一定会把它续写下去,这样我们就仍然相守。"徐卓说。

人鹤情未了

如今,徐建峰的女儿徐卓作为第三代养鹤人,继承了父辈们的事业扎根湿地。

徐建峰牺牲的那一年,徐卓在东北农业大学学园艺。这位平时的乖乖女坚决向学校提出申请:转学到姑姑曾就读的东北林业大学,学习野生动物保护。学校有意保送她读研,然而,徐卓却放弃了。学业完成后,她告别北国名城哈尔滨,毅然回到了扎龙,再次接过了养鹤接力棒……

"我的姑姑,我的父亲,尽管生命像流星一样划过夜空,但我想他们是幸福的,只是把无尽的思念,留给了我们……"

严寒天气里,徐卓与男同事一起穿过大水汊,在尚未完全解冻的沼泽地里进行鸟类调查,经常一泡就是一天,往往调查结束后下半身冻得都没有了知觉。

这,是爱的延续……

扎龙人说,丹顶鹤一身傲骨、一生忠贞,只要结为伴侣,就会一生相守。如果伴侣受伤无法南飞,那么另一只一定会选择留下,哪怕是面对风雪、面对死亡。

护鹤人的情感又何尝不是如此!

扎龙保护区管理局局长杨文波告诉记者:"目前,扎龙已建成世界最先进的丹顶鹤繁育基地、最优良的基因库。老徐一家是扎龙人、齐齐哈尔人、黑龙江人践行'绿水青山就是金山银山'理念的典型代表。"

老徐夫妇说,他们一生只做两件事:十月送它们离去,春天迎它们归来。

每当残雪消融,每当丹顶鹤"呦呦"鸣叫着飞过村庄,两位老人就觉得他们的娟子,他们的峰儿,他们的孩子们,又回来了。

一家三代传承守鹤的故事,让我们看到一种极为高尚而又无形的家风,这也是一种有别于传统的充满着时代精神的家风传承。虽然没有豪言壮语,却传承着一种敬业和尽责;虽然没有硝烟烽火,但同样壮烈动人。这是现代家风的魅力所在,这故事里所闪耀的熠熠光辉,一样能体现出一种既平凡又伟大的精神。

编后语

  《中华好家风故事》一书自2015年春节开始着手，搜集、查找相关资料，历经四年形成文稿，并由宁波出版社出版。在撰写过程中，宁波市委组织部干部二处原副处长、现任宁海县组织部部长方勤，宁波图书馆原馆长、现任宁波市政协港澳台侨和外事委员会副主任陈宁雄及顾秀慧等给予了大力支持和帮助，为本书的撰写提供了十分珍贵的资料。本书的撰写也得到了天一阁家谱馆、宁波帮博物馆的大力协助，他们为作者查勘有关资料提供了方便，在此一并表示感谢。部分文章适当地引用了网上的相关资料，在此也向相关作者表示感谢。冯燕、王文伟、励敏、陈琦、鲁建红、邹术红、郑静君、左仁友、陈芳、朱琪芬、方建贞等同仁参与了本书撰写，书中未署名文章的撰稿者均为周达章。

  《中华好家风故事》是一本主题严肃的作品，因编者阅历尚浅、经验不够，书中难免有错误和不足，恳请广大读者批评指正。

编者
2019年1月

图书在版编目（CIP）数据

中华好家风故事/周达章,钱文君主编. -- 宁波：宁波出版社,2019.11
ISBN 978-7-5526-3361-0

Ⅰ.①中… Ⅱ.①周… ②钱… Ⅲ.①家庭道德—中华—青少年读物 Ⅳ.①B823.1-49

中国版本图书馆CIP数据核字（2018）第262919号

中华好家风故事

主　　编	周达章　钱文君
责任编辑	陈广春　晏　洋
责任校对	叶呈圆
装帧设计	金字斋
出版发行	宁波出版社
地　　址	宁波市甬江大道1号宁波书城8号楼6～7楼　315040
网　　址	http://www.nbcbs.com
电　　话	0574-87259609（编辑部）　87286804（发行部）
印　　刷	宁波白云印刷有限公司
开　　本	710毫米×1000毫米　1/16
印　　张	13
字　　数	163千
版　　次	2019年11月第1版
印　　次	2019年11月第1次印刷
标准书号	ISBN 978-7-5526-3361-0
定　　价	30.00元

如发现缺页或倒装，影响阅读，请与承印厂联系调换　电话：0574-87248729